园林植物及造景研究

朱 玮 连亚剑 韩春妮 著

汕头大学出版社

图书在版编目（CIP）数据

园林植物及造景研究 / 朱玮，连亚剑，韩春妮著
. -- 汕头：汕头大学出版社，2023.10
ISBN 978-7-5658-5160-5

Ⅰ．①园… Ⅱ．①朱… ②连… ③韩… Ⅲ．①园林植
物—景观设计 Ⅳ．① TU986.2

中国国家版本馆 CIP 数据核字（2023）第 198429 号

园林植物及造景研究
YUANLIN ZHIWU JI ZAOJING YANJIU

著　　者：朱　玮　连亚剑　韩春妮
责任编辑：宋倩倩
责任技编：黄东生
封面设计：优盛文化
出版发行：汕头大学出版社
　　　　　广东省汕头市大学路 243 号汕头大学校园内　邮政编码：515063
电　　话：0754-82904613
印　　刷：河北万卷印刷有限公司
开　　本：710 mm×1000 mm　1/16
印　　张：18.25
字　　数：230 千字
版　　次：2023 年 10 月第 1 版
印　　次：2023 年 11 月第 1 次印刷
定　　价：98.00 元
ISBN 978-7-5658-5160-5

前　言

在现实生活中，人们都喜爱自然美，园林能效法自然、因借自然，为人们创造高于自然美的生活环境。不同的园林植物因其形态、色彩等特性的不同而能打造出不同的美景，给人们以美的享受。

伴随着社会经济的快速发展和城市化进程的加快，园林植物及其构成的景观的生态效益、社会效益、经济效益和景观效益越来越受到社会各界的普遍关注，植物景观也在现代园林建设中扮演着越来越重要的角色，人们对植物景观设计也有了更高的要求。园林植物造景需要遵循一定的美学法则，只有这样才能起到增强美感的作用。不同的场所有着不同的景观需求，因此在不同场所进行造景时需要结合实际场地，有针对性地进行个性化设计。

总之，园林植物造景是一种视觉艺术，是景观空间的弹性部分，是硬质景观的软化剂，是景观设计中的重点。要想取得良好的景观效果，充分发挥园林植物的造景作用，就必须尊重植物自身的生长规律，结合生态学原理，按照一定的手法进行设计与造景。

本书首先对园林植物的基本概念、分类以及功能进行了详细论述，其次从园林植物造景的角度出发，重点论述了园林植物造景的设计方法以及不同视角、不同理念下和不同场地中园林植物的造景对策。本书内容全面，语言生动形象，对相关从业人员具有一定的借鉴价值。

目　录

第一章　园林植物的基本认识

第一节　园林植物概述

一、园林植物的概念

园林植物是指具有一定的生态价值、经济价值和观赏价值，人工栽培的且能够改善和美化生态环境的植物的总称。

一般认为，园林植物是指在园林绿化栽培中应用的植物，包括木本和草本的观花、观叶、观果和观姿的植物。园林植物是构成人类自然环境和名胜风景区的基本材料，也是用于城市绿化、室内装饰的基本材料。将各种园林植物进行合理地配置，辅以建筑、山石、水体等，即可组成一个优雅、舒适、色彩鲜艳、如画的绿色环境，供人们游览观赏，陶冶情操，既能丰富人们的生活又能消除人们劳动后的疲劳。

乔木是园林风景中的"骨架"和主体，亚乔木、灌木是园林风景中的"肌肉"和副体，藤本是园林风景中的"筋络"和支体，配以花卉与草坪、地被植物等"血肉"，彼此紧密结合，混为一体，形成相对稳定的人工植物群落，营造各种引人入胜的景境，形成各异的情趣。

二、园林植物的习性

园林植物的习性包括生物学特性和生态学特性，前者主要指植物自身的生长发育特性与规律，后者指植物在生长环境中对各种生态因子的适应程度。

（一）园林植物生物学特性

生物学特性即园林植物本身所固有的生长发育规律、生长特征等，如乔木、灌木、草本、藤本等属性；生长得高或矮；生长速度的快或慢；寿命的长或短；根系的深或浅；春、夏、秋、冬四季开花时节，先花后

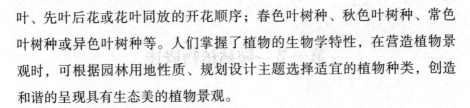

叶、先叶后花或花叶同放的开花顺序；春色叶树种、秋色叶树种、常色叶树种或异色叶树种等。人们掌握了植物的生物学特性，在营造植物景观时，可根据园林用地性质、规划设计主题选择适宜的植物种类，创造和谐的呈现具有生态美的植物景观。

（二）园林植物生态学特性

对于园林植物组合配置形成的植物景观，人们从注重其经济功能发展到注重其观赏功能，后来发展到同时注重观赏功能与生态功能。要使生态功能有效发挥，首先应保证植物在满足其生态习性的生长环境中健康生长。植物的生态学特性主要指植物生长对环境（生境）的要求和植物的适应能力，包括对植物生长产生直接或间接影响的温度、水分、光照、空气等气候因子，土壤因子，地形地势因子，生物及人类活动等因子。植物对立地条件的适应情况直接决定其生长状况，从而影响到人的视觉与审美体验。

营造优美的园林植物景观，要以植物的生态习性为依据，以保证植物的健康生长，达到人与自然、人与环境的和谐统一，从而满足人类对生活美、自然美、艺术美的需求。

第二节　园林植物的基本形态与分类方法

一、园林植物的形态识别

（一）园林植物的根

园林植物的根通常呈圆柱形，愈向下愈细，向四周产生分枝，形成复杂的根系（一株植物所有的根）。

1. 根的类型

（1）定根。植物最初生长出来的根，是由种子的胚根直接发育来的，它不断向下生长，这种根被称为主根。在主根上通常能形成若干分枝，其被称为侧根。在主根或侧根上还能形成小分枝，称为纤维根。主根、侧根和纤维根都是直接或间接由胚根发育而来的，有固定的生长部位，所以又被称为定根，如松类的根。

（2）不定根。有些植物的根并不是直接或间接由胚根发育而来的，而是从茎、叶或其他部位生长出来的，这些根的产生没有一定的位置，故被称为不定根，如菊、桑的枝条插入土中后所生出的根都是不定根。在栽培上常利用此特性进行扦插繁殖。

2. 根系的类型

根系常有一定的形态，按其形态的不同可分为直根系和须根系两类。

（1）直根系。主根发达，主根和侧根的界限非常明显的根系被称为直根系。它的主根通常较粗大，一般垂直向下生长，上面产生的侧根较细小。多数双子叶植物和裸子植物根系属于此类。

（2）须根系。主根不发达或早期死亡，而从茎的基部节上生长出许多大小、长短相仿的不定根，簇生呈胡须状，没有主次之分。大部分单子叶植物根系属于此类。

3. 根的变态

为了适应环境，植物的根在形态、结构、功能上发生了变化，并能遗传给后代，这就是根的变态。根的变态有贮藏根、气生根和寄生根。贮藏根所贮藏的养料可满足植物来年生长的需要，贮藏根常见于两年生或多年生双子叶草本植物中，如萝卜的肉质直根、大丽花块根。气生根是植物生长在地面部分的根，如榕树的支柱根、凌霄的攀缘根、水松的呼吸根。寄生根是不定根的变态，伸入寄主体内，吸取寄主植物体内养分供自身生长，如菟丝子的寄生根。

（二）园林植物的茎

茎是植物的重要营养器官，也是运输养料的重要通道。通常植物的茎可根据质地或生长习性等进行分类。

1. 根据茎的质地分类

（1）木质茎。茎中木质化细胞较多，质地坚硬。具有木质茎的植物被称为木本植物，依形态的不同可被分为乔木、灌木和木质藤本。

（2）草质茎。茎中木质化细胞较少，质地较柔软，植物体较矮小。具有草质茎的植物被称为草本植物。根据生长期的长短及生长状态的不同，草本植物又被分为一年生、二年生和多年生植物。

（3）肉质茎。茎的质地柔软多汁，呈肥厚肉质状态，如仙人掌、芦荟、景天等。

2. 根据茎的生长习性分类

（1）直立茎。直立茎为常见的茎。茎直立生长于地面，如松、杉、女贞、向日葵、紫苏等。

（2）缠绕茎。茎一般细长，自身不能直立，必须缠绕他物作螺旋状向上生长，如牵牛花、茑萝等。根据缠绕方向，缠绕茎又被分为左旋缠绕茎和右旋缠绕茎。

（3）攀缘茎。茎细长，不能直立，以卷须、不定根吸盘或其他特有的攀附物攀缘他物向上生长，如爬山虎、葡萄等。

（4）匍匐茎。茎细长平卧地面，沿水平方向蔓延生长，节上有不定根，如甘薯、草莓、狗牙根；节上不产生不定根，则被称为平卧茎，如地锦等。

（三）园林植物的叶及叶序

叶是植物的重要营养器官，生长在茎上。叶一般为绿色扁平体，具有向光性。叶的主要生理功能是进行光合作用、气体交换和蒸腾作用。

1. 叶的组成及形态

（1）叶的组成。叶的大小相差很大，但它们的组成部分基本是一致的，一般可分为叶片、叶柄和托叶三部分。具备此三部分的叶称完全叶，如桃、梨、柳、桑的叶。但也有不少植物的叶缺少叶柄和托叶，如龙胆、石竹的叶；或有叶柄而无托叶，如女贞、连翘的叶。这些缺少一个部分或两个部分的叶，都称为不完全叶。

（2）叶的类型。

①单叶。一个叶柄上只生一个叶片的叶，称为单叶，多数植物的叶是单叶。

②复叶。一个叶柄上生两个以上叶片的叶，称为复叶。复叶根据小叶数目和在叶轴上排列的方式不同，可分为四种类型。

第一，三出复叶。叶轴上着生三片小叶的复叶，如刺桐、酢浆草。

第二，掌状复叶。叶轴短缩，在其顶端集生三片以上小叶，呈掌状展开，如鹅掌柴、七叶树等。

第三，羽状复叶。叶轴长，小叶片在叶轴两侧排成羽毛状，如刺槐、合欢黄檗、含羞草等。若顶生一片小叶，小叶数目为单数，称奇数羽状复叶，如刺槐、月季等；若顶生两片小叶，小叶数目为偶数，称偶数羽状复叶，如皂荚、决明等。在羽状复叶中，如果总叶柄不分枝，称一回羽状复叶；总叶柄分枝一次，称二回羽状复叶；总叶柄分枝两次，称三回羽状复叶。

第四，单身复叶。总叶柄顶端只有一片发达的小叶，两侧小叶已退化，叶柄常作叶状或翼状，在柄端有关节与叶片相连，如金橘、柑橘、柚等。

2. 叶序

叶在茎枝上排列的次序或方式称叶序。常见的叶序有下列几种。

（1）互生。在茎枝的每一节上只生一片叶子，各叶交互而生，它们常沿茎枝呈螺旋状排列，如桑树、桃树、樟树等植物的叶序。

（2）对生。在茎枝的每一节上着生相对两片叶子，有的与相邻的两叶成十字形排列，交互对生，如薄荷、龙胆、紫苏、忍冬等植物的叶序；有的对生叶排列于茎的两侧成二列状对生，如小叶女贞、水杉等植物的叶序。

（3）轮生。在茎枝的每个节上轮生三片或三片以上的叶子，如夹竹桃、轮叶沙参等植物的叶序。

（4）簇生（丛生）。二片或二片以上的叶子着生在节间极度缩短的茎枝上成簇状，如银杏、落叶松、枸杞、小檗等植物的叶序。有些植物的茎极短缩而不明显，其叶如从根上生出，称基生叶，如蒲公英、雏菊、非洲菊等。

（四）园林植物的花及花序

1. 花的组成

典型被子植物的花一般是由花梗、花托、花萼、花冠、雄蕊群和雌蕊群几部分组成的。其中，雄蕊和雌蕊是植物重要的生殖器官，有时合称花蕊；花萼和花冠合称花被，有保护花蕊和引诱昆虫传粉的作用；花梗和花托起支持花各部分的作用。

2. 花的类型

在长期的演化过程中，被子植物的花的大小、数目、形状、内部构造等都会发生不同程度的变化。花的类型多种多样，通常按照下面的分类依据对花进行分类。

（1）完全花和不完全花。具有花萼、花冠、雄蕊和雌蕊四部分的花称完全花，如桃、桔梗等的花；缺少其中一部分或几部分的花称为不完全花，如南瓜、桑等的花。

（2）重被花、单被花和无被花。具有花萼和花冠的花称重被花或两被花，如桃、杏、豌豆等的花；只有花萼或花冠的花称单被花，单被花的花被常具有鲜艳的色彩，也称无瓣花，如桑、芫花等。不具花被的花称无被花或裸花。无被花常有苞片，如柳树、杨树的花。

（3）两性花、单性花和无性花。一朵花中具有雄蕊和雌蕊的称两性花，如柑橘、桔梗、桃花等的花。仅具雄蕊或雌蕊的称单性花，如南瓜、四季秋海棠的花。其中，具有雄蕊而缺少雌蕊，或仅有退化雌蕊的花称雄花；具有雌蕊而缺少雄蕊，或仅有退化雄蕊的花称雌花。单性花中雌花和雄花同生于一植株上称雌雄同株，如四季秋海棠等；雌花和雄花分别生于不同植株上的称雌雄异株，如银杏、苏铁。花中既无雄蕊又无雌蕊，或雌雄蕊退化的，称无性花或中性花，如八仙花。

（4）辐射对称花、两侧对称花和不对称花。通过一朵花的中心可作几个对称面的花，称辐射对称花或整齐花，如桃、牡丹的花。通过一朵花的中心只可作一个对称面的花，称两侧对称花或不整齐花，如益母草的唇形花、菊科植物的舌状花等。通过花的中心不能作出对称面的花称不对称花，如缬草的花。

3. 花序

花在花枝或花轴上排列的方式，称花序。根据花序的结构和花在花轴上开放的顺序，可分为无限花序和有限花序两大类。

（1）无限花序（总状花序类）。在开花期间，花轴的顶端继续向上生长，并不断地产生花，花由花轴下部依次向上开放，或由边缘向中心开放，这种花序称无限花序。

第一，总状花序。其特点是花轴不分枝，较长，自下而上依次着生许多有柄小花，各小花花柄等长，开花顺序由下而上，如一串红、紫藤等。

第二，复总状花序（圆锥花序）。花轴作总状分枝，每一分枝又形成总状花序，其全形似圆锥状，故又称圆锥花序，如女贞、槐、南天竹等。

第三，穗状花序。花轴较长，其上着生许多花柄极短或无花柄的花，如鸡冠花、马鞭草等。

第四，复穗状花序。花轴每一分枝形成一穗状花序，如小麦、马唐等。

第五，柔荑花序。似穗状花序，但花轴柔软，多下垂，其上着生许多无花柄又常无花被的单性花，开花后整个花序脱落，如杨、柳、胡桃及栎等的雄花序。

第六，肉穗花序。与穗状花序相似，但花轴肉质肥大成棒状或鞭状，花序外常包有一个大型的苞片，称佛焰苞，这种花序又称为佛焰花序，如马蹄莲、红掌、独脚莲、半夏等。

第七，伞房花序。与总状花序相似，但花轴下部的花柄较长，上部的花柄依次变短，整个花序的花几乎排在一个平面上，如梨、山楂、苹果、绣线菊等。

第八，伞形花序。花轴渐短，顶端集生许多花柄近等长的花，并向四周放射排列，全形如张开的伞，如五加、人参、常春藤、葱等。

第九，复伞形花序。花轴作伞形分枝，每一分枝又形成伞形花序，如小茴香、白芷、前胡等伞形科植物的花序。

第十，头状花序。花轴顶端缩短膨大成头状或盘状的总花托（花序托），其上密集着生许多无柄或近于无柄的花，如喜树、蒲公英、菊花等植物的花序。在菊科花序托下，有密集的苞片成总苞。

第十一，隐头花序。花轴膨大而内陷成中空的球状体，其凹陷的内壁着生许多没有花柄的花，如无花果、薜荔、榕树等。

（2）有限花序（聚伞形花序）。花由花轴的顶端向下或由花序中心向边缘依次开放。因而花轴不能继续延长，只能在顶花下方产生侧轴，侧轴顶端的花先开。这样发展的花序称有限花序。

第一，单歧聚伞花序。花轴顶生一花，在顶花下面只产生1个侧轴，长度超过主轴，顶端也生一花，依此方式继续分枝就形成了单歧聚伞花序。若花序轴的分枝均在同一侧产生，花序呈螺旋状卷曲，称螺旋状聚伞花序，如紫草、附地菜等的花序。若分枝在左右两侧交互产生，花序呈蝎尾状的，称蝎尾状聚伞花序，如射干、姜花、鹤望兰等的花序。

第二，多歧聚伞花序。花轴顶花先开，顶花下同时发出数个侧轴，侧轴常比主轴长，各侧轴又形成小的聚伞花序，叫多歧聚伞花序。若花轴下面生有杯状总苞，这种花序可称为杯状聚伞花序（大戟花序），如大戟、一品红等。

第三，轮伞花序。聚伞花序生于对生叶的叶腋中，成轮状排列，称轮伞花序，如夏枯草、益母草、薄荷等。

（五）园林植物的果实

卵细胞受精以后，胚珠发育成种子，同时子房发育成果实。由子房发育成的果实称为真果，由子房外花的其他部分发育成的果实称为假果。有些植物未经过受精，子房也能发育成果实，这种现象称单性结实。单性结实所形成的果实不含种子，是无籽果实，如葡萄、蜜橘、菠萝。

1. 果实的构造

果实是由果皮和种子组成的。果皮是由子房壁发育而成的，或称为果壁。果皮通常分为三层，即外果皮、中果皮、内果皮。果皮的构造、色泽以及各层果皮发达的程度因植物种类而异。

2. 果实的类型

果实的类型很多，根据果实的来源、结构和果皮性质的不同可分为单果、聚合果和聚花果三大类。

（1）单果。由一朵花中只有一个雌蕊（单雌蕊或复雌蕊）的子房发育而成的果实，称单果。根据果皮的质地不同可分为肉质果和干果两类。

第一，肉质果。果实成熟时果皮肉质多浆，不开裂。①浆果：由单心皮或合生心皮的上位或下位子房发育而成，外果皮薄，中果皮和内果皮肥厚肉质，含丰富的浆汁，内有一至数枚种子，如枸杞、葡萄等。②柑果：由合生心皮具中轴胎座的子房发育而成，外果皮较厚、色深、柔韧如革，内含有具挥发油的油室；中果皮与外果皮结合，界限不明显，中果皮常为白色海绵状，有许多分枝状的维管束部分；内果皮膜质状，分隔成若干室，内壁生有许多肉质的囊状毛。其是芸香科橘属特有的果实，如橙、柚、柑、橘、柠檬等。③核果：典型的核果是由一心皮上位子房发育而成的，外果皮薄，中果皮常肉质肥厚，内果皮坚硬，木质，形成1个坚硬的果核，每核内通常含1粒种子，如桃、杏、李、梅。④瓠果：是葫芦科所特有的果实，是一种浆果，也是一种假果，由3心皮合生，下位子房和花托（现多认为是花筒）一起形成的果实，花筒与外部果皮形成坚韧的果实外部，中内部果皮及胎座均为肉质，内含多数种子，如南瓜、栝楼、丝瓜、黄瓜均属这种果实。⑤梨果：是一种假果，多为5个合生心皮、下位子房和花托（现多认为是花筒）一起发育形成的果实，如苹果、梨（内果皮革质）、山楂、枇杷（内果皮木质）。

第二，干果。果实成熟时，果皮干燥。据果皮开裂与否，又分为裂果和不裂果两类。

（2）聚合果。一朵花中有多数离生心皮，单雌蕊，每一个雌蕊形成一个单果，许多单果聚生于花托上，称聚合果。花托常呈肉质，成为聚合果的一部分。

（3）聚花果（称复果）。聚花果是由整个花序发育成的果实。每朵花长成一个小果，许多小果聚生在花轴上，类似一个果实。它与一般的果穗不同，聚花果是由各个子房和其他附属部分一起形成的，成熟后往往从花轴基部整体脱落，如桑葚是由整个雌花序发育而成的，每朵花的子房各发育成一个小瘦果，包藏在肥厚多汁的肉质花被中。无花果是多数小瘦果包藏于肉质凹陷的囊状花轴内所形成的一种复果。凤梨是很多花长在肉质花轴上一起发育而成的，花不孕，肉质可食部分是花序轴。

二、园林植物的分类方法

（一）园林植物的系统分类法

系统分类法又叫自然分类法，指的是根据植物的系统发育和植物之间的亲缘关系来对植物进行分类。目前，我国较常用的被子植物分类系统有恩格勒（A. Engler）分类系统、哈钦松（J. Hutchinson）分类系统以及克朗奎斯特（A. Cronquist）分类系统。

在系统分类法中，植物分类有六个基本单位：门、纲、目、科、属、种。最常用的单位有科、属、种。其中，"种"是生物分类的基本单位，也是各级分类单位的起点，种具备一定的稳定性，但也有变化，其可以分为亚种、变种、变型等。在园林植物分类实践中，还有品种、品系两个常用单位。品种是指通过自然变异和人工选择所获得的栽培植物群体；品系是源于同一祖先，与原品种或亲本性状有一定差异，但尚未正式鉴定命名为品种的过渡性变异类型，它不是品种的构成单位，而是品种形成的过渡类型。

（二）园林植物的人为分类法

人为分类法是指以植物系统分类法中的"种"为基础，按照植物形态、习性、用途上的不同进行分类。与植物系统分类法相比，人为分类法通常将一个或少数几个性状作为分类依据，不考虑亲缘关系和演化关系，受人的主观划定标准和环境因素影响很大。但是人为分类法具有简单明了、操作和实用性强等优点，在园林植物的繁殖、栽培及应用上发挥着重要的指导作用。

1. 按生活型分类

生活型是植物对于生境条件长期适应而在外形上体现出来的植物类型。植物生活型外形特征包括大小、形状、分枝状态及寿命。一般植物可分为乔木、灌木、藤本、一年生草本、二年生草本、多年生草本等。

乔木：树体高大（≥6 m），具有明显主干的木本植物，如银杏、毛白杨、雪松。

灌木：没有明显主干，树体矮小（≤6 m），主干低矮的木本植物，如月季、金银木、蜡梅等。

藤木：主干柔弱，缠绕或攀附其他物体向上生长的木本植物，如紫藤、爬山虎等。一二年生草本在一个生长季内完成生活史，寿命不超过一年的草本植物，如鸡冠花、半枝莲、虞美人、紫罗兰等。

多年生草本：寿命超过两年，能多次开花、结实，如菊花、万年青、水仙、大丽花等。

2. 按观赏部位分类

按观赏部位可分为观叶植物、观花植物、观茎植物、观芽植物、观果植物等。

观叶植物：这类植物叶色光亮或色彩斑斓，或叶形奇特，或叶色季相变化明显，如红枫、乌桕、八角金盘、龟背竹、彩叶草等。

观花植物：以花朵为主要观赏部位，主要观赏其花形、花色、花香，如梅花、玉兰、海棠、杜鹃、牡丹、菊花、兰花等。

观果植物：果实或色泽艳丽，经久不落；或果形奇特，色形俱佳。例如，佛手、石榴、冬珊瑚、金银木、火棘等。

3. 按园林用途分类

按园林植物在园林中的配植方式，可分为行道树、庭荫树、花灌木、绿篱植物、垂直绿化植物、花坛植物、地被植物、草坪植物、室内装饰植物等。

行道树：指成行种植在道路两侧的植物，一般以乔木为主，如悬铃木、香樟树、白杨树等。

庭荫树：孤植或丛植在庭园、广场或草坪上，供人们在树下休憩，如榉树、鹅掌楸、榕树、槐树等。

花灌木：以观花为目的的灌木，如榆叶梅、丁香、桂花、紫薇、木槿等。

绿篱植物：植株低矮，耐修剪，成行密植能代替栏杆或起装饰作用，如小叶黄杨、女贞、海桐、珊瑚树等。

垂直绿化植物：可以用来绿化棚架、廊、山石、墙面的藤本植物或草本蔓性植物，如常春藤、爬山虎、凌霄、紫藤、茑萝、牵牛花等。

花坛植物：栽植在花坛内，能形成各种花纹或呈现鲜艳色彩的低矮的草本植物或灌木，如一串红、金盏菊、五色苋、金叶女贞、红叶小檗等。

地被植物：植株低矮、茎叶密集，能良好覆盖地面的草本或灌木，如麦冬、二月兰、玉簪、沙地柏等。

草坪植物：具有匍匐茎的多年生草本植物，以禾本科和莎草科植物为主，如黑麦草、早熟禾、结缕草等。

室内装饰植物：在室内栽植的供室内装饰用的盆栽观赏植物，如蕨类植物、文竹、凤梨类植物等。

这些分类方法主观性强。因此，园林植物的分类也应采用系统分类法。

第三节　园林植物的功能

一、园林植物的生态功能

园林植物优于其他园林景观要素的地方在于它对改善环境具有一定的作用。

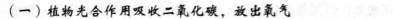

（一）植物光合作用吸收二氧化碳，放出氧气

绿色植物通过光合作用，能从空气中吸收二氧化碳，放出氧气，所以绿色植物是氧气的天然制造工厂。根据测定的数据，1 hm² 公园绿地每天能吸收 900 kg CO_2 并生产 600 kg O_2；1 hm² 阔叶林在生长季节每天可吸收 1 000 kg 的 CO_2，产生 750 kg O_2，可供 1 000 人一天呼吸使用。因此，增加城镇中的绿地面积能有效地解决城镇中的 CO_2 过量和 O_2 不足等问题。

（二）滞尘

园林植物覆盖地表，可减少空气中粉尘的出现和移动，特别是一些结构复杂的植物群体对空气污染物的阻挡，使污染物不能大面积传播，有效地杜绝了二次扬尘。园林植物特别是木本植物繁茂的树冠，有降低风速作用，空气中携带的大颗粒灰尘随风速降低下沉到树木的叶片或地面，而产生滞尘效应。园林植物有的叶片表面多绒毛，有的叶分泌黏性的油脂和汁液等，能吸附大量的降尘和飘尘。沾满灰尘的叶片经雨水冲刷，又可恢复吸滞灰尘的能力。园林植物叶片在进行光合作用和呼吸作用过程中，可通过气孔、皮孔等吸收一部分包含重金属的粉尘。

（三）吸收有毒气体

随着工业的发展，工厂排放的"三废"日益增多，对大气、水体、土壤产生污染，严重影响人类的生产和生活。这些有害气体种类很多，如二氧化硫、氯气、氟化氢、氨气等。这些有害气体对植物生长是不利的，甚至使植物枯萎死亡。而当有害气体的浓度较低时，某些植物对它则有吸收和净化作用，且不会导致其自身枯死。实验数据表明：松林每天可从 1 m² 空气中吸收 20 mg 的二氧化硫；1 hm² 柳杉每天能吸收 60 kg 的二氧化硫。此外，臭椿、夹竹桃、罗汉松、龙柏等树种都有一定的吸收二氧化硫气体的能力，特别是臭椿，对二氧化硫的吸收作用较为显著。因此，在有害气体的污染源附近，选择对其具有吸收作用和抗性强的树种作为绿化主栽树种，如刺槐、丁香、女贞、大叶黄杨、泡桐、垂柳、榉树、榆树、桑树、紫薇、石榴、广玉兰、夹竹桃、紫穗槐等，可降低污染程度，达到净化空气的目的。

近年来，环境保护越来越被人们重视，由于很多植物具有一定程度的吸收不同有毒气体的能力，可以使空气得以净化，在环境保护上发挥其作用，所以在厂区周边进行植物景观设计时要充分考虑周边环境中有毒气体的种类及含量高低，以选择抗性强的植物。

（四）调节温度和空气湿度

"大树底下好乘凉"，在炎热的夏季，绿化状况好的绿地中的气温比没有绿化的地区的气温要低 3 ～ 5 ℃。绿地之所以能降低环境的温度，是因为绿地中园林植物的树冠可以反射部分太阳辐射带来的热能（20% ～ 50%），更主要的是绿地中的园林植物能通过蒸腾作用（植物吸收辐射的 35% ～ 75%，其余 5% ～ 40% 透过叶片），吸收环境中的大量热能，降低环境的温度，同时释放大量的水分，增加环境空气的湿度（18% ～ 25%）。绿地的这种作用可以大大增加人们生活的舒适度。1 hm² 的绿地，在夏季（典型的天气条件下），可以从环境中吸收 81.8 MJ 的热量，相当于 189 台空调机全天工作的制冷效果。在严寒的冬季，绿地对环境温度的调节作用与炎热的夏季正相反，即在冬季绿地的温度要比没有绿化地面高出 1 ℃左右。这是由于绿地中的树冠反射了部分地面辐射，减少了绿地内部热量的散失，而绿地又可以降低风速，进一步减少热量散失。

（五）降噪

绿化降噪是栽植树木和草皮以降低噪声的方法。树木的叶、枝、干是决定树木降噪效用的主要因素。声波射向树叶的初始角度和树叶的密度决定树叶对声音的反射、透射和吸收情况。大而厚、带有绒毛的浓密树叶和细枝对降低高频噪声有较大作用。树干对低频噪声反射很少，成片树林可使高频噪声因散射而明显衰减。宽 40 m 的林带可以降低噪声 10 ～ 15 dB；高 6 ～ 7 m 的绿带平均能降低噪声 10 ～ 13 dB；一条宽 10 m 的绿化带可降低噪声 20% ～ 30%。因此，树木又被称为"绿色消声器"。隔音效果较好的园林植物有雪松、松柏、悬铃木、梧桐、垂柳、臭椿、榕树等。噪声污染会对人类造成很大的危害，不同程度的噪声污染会给人们的身体带来不同程度的伤害 [1]，如表 1-1 所示。

表 1-1　噪声污染的危害

噪声（dB）	对人的影响
40	干扰休息
60	干扰工作
80	疲倦不安
90 ～ 100	听力受损，神经官能症
130	短时间内耳膜被击穿
150	死亡

（六）涵养水源，保持水土

植物茂密的枝叶和强大的根系能够起到缓冲的作用，在保持水土、防风固沙、涵养水源等方面有重要作用。植物涵养水源、保持水土的主要途径如下：植物树冠能截留雨水，减少地表径流；草皮及树木枝叶覆盖地表可以阻挡流水冲刷；植物的根系可以固定土壤，同时起到梳理土壤的作用；林地上厚而松的枯枝落叶层能够吸收水分，形成地下径流，促进水分下渗。长江防护林工程就是利用植物涵养水源、保持水土的功能对长江的水质进行保护的。

---

① 刘雪梅，胡海燕，张好，等 . 园林植物景观设计 [M].武汉：华中科技大学出版社，2015：11.

（七）通风防风

城市道路绿地、城市滨水绿地是城市的绿色通风走廊，能有效地改变郊区的气流方向，使得郊区空气流向城市。园林植物中的乔、灌、草合理密植，可以起到很好的防风效果。

二、园林植物的观赏功能

园林植物的观赏特性是指凡能引起人们感官（眼、耳、鼻、舌、身）感受或联想获得美感的特性。我国园林植物种类繁多、千姿百态、极富变化，园林植物的观赏特性体现在色彩美、形态美、芳香美、感应美、引致美等方面。

（一）色彩美

园林植物的色彩美包括叶色美、花色美、果色美、枝干色美。不同的色彩给人以不同的观赏感受，如轻重感、冷暖感、动静感、空间感等。园林植物的色彩美是园林植物的主要观赏特性，其色彩千变万化、多姿多彩、层出不穷。

1. 花的颜色

花的颜色可分为如下几种。

（1）红色系花，如海棠、月季、一串红、合欢、碧桃、榆叶梅、郁金香等。

（2）黄色系花，如迎春、棣棠、黄牡丹、栾树、蜡梅、桂花等。

（3）蓝、紫色系，如紫藤、紫丁香、鸢尾、楝树等。

（4）白色系花，如白丁香、白牡丹、白玉兰、珍珠梅、梨等。

（5）橙色系，如萱草、金盏菊等。

这些美丽多彩的花，有的花大色艳，如红色的郁金香，给人以热情奔放的感受；有的细碎淡雅，如白色的丁香，使人感到温馨宁静。

2. 叶的颜色

（1）绿色类：绿色是叶的基本颜色，包含嫩绿、浅绿、鲜绿、浓绿、黄绿、碧绿、褐绿、蓝绿、墨绿、亮绿、灰绿等。

（2）春色叶类：这类植物在早春或生长季节长出的嫩叶与常色叶相比显著不同。例如，新叶红色的有五角枫、石楠、元宝枫等；新叶紫红色的有女贞、七叶树等；新叶金黄色的有金叶女贞等。

（3）秋色叶类：秋季落叶之前随着温度的降低，叶色发生显著变化。秋叶呈黄色的有银杏、七叶树等。秋叶呈红色的有五角枫、黄栌、火炬、柿树等。此外，秋叶还有黄褐色、紫红色、金黄色等多种颜色。

（4）常色叶类：有些树木的叶常年均为异色，称为常色叶树。例如，全年呈紫色的有紫叶小檗、紫叶李、紫叶黄栌等；全年为金黄色的有金叶鸡爪、金叶皂荚等；全年呈红色的有三色苋、红枫等；全年叶具斑驳彩纹的有金心黄杨、银边黄杨等。

（5）双色叶类：某些树种其叶背面与叶正面的颜色显著不同，在微风中形成特殊的色彩闪烁效果，这类树种称为双色叶类，如银白杨、栓皮栎等。

（6）斑色叶类：叶片上有其他颜色的斑点或花纹，如变叶木、紫叶李、红桑等。

不同颜色的植物组合在一起能够形成不同的观赏景观，如在绿色的草坪上大片密植金黄色的金叶女贞、绿色的大叶黄杨和红色的红叶小檗，形成色带，观后令人赏心悦目。

3. 果实及枝干的颜色

果实的颜色有红色、黄色、蓝紫色、黑色、白色等，有的还带有花纹。果实呈红色的有枸骨、金银木、石榴、柿树等；呈黄色的有金桔、枇杷等；呈蓝紫色的有葡萄等；呈黑色的有女贞、金银花等；呈白色的有红瑞木、雪果等。苏轼《赠刘景文》中的诗句"一年好景君须记，最是橙黄橘绿时"描绘的正是果实的色彩之美。枝干的颜色有暗紫色、红色、黄色、灰褐色、绿色、白色、灰色等，如绿色的竹、白色的白桦、红色的红瑞木等。树木冬季落叶之后枝干就成了主要的观赏部位，如大片的毛白杨给人一种挺拔向上的感觉。

色彩是影响感官的第一要素，园林植物的色彩美在中国古代的诗词中多有描述。例如，宋代诗人杨万里在描写西湖的美景时写道："接天莲叶无穷碧，映日荷花别样红。"一"碧"一"红"突出了莲叶和荷花给人的视觉带来的强烈冲击，莲叶无边无际，仿佛与天相接，"日"与"荷花"相衬，使整幅画面绚烂生动，西湖的美尽收眼底。又如，杜牧的"停车坐爱枫林晚，霜叶红于二月花"这句诗，情景交融，用一个"红"字写出了深秋枫林的美丽景色。

（二）形态美

形态是植物形状、外形轮廓、体量、质地、结构等的综合体现，不同形态的树木给人以不同的心理感觉。例如，呈圆柱形的树木有塔柏、钻天杨等；呈尖塔形的树木有雪松、南洋杉等；呈球形的树木有五角枫等；呈圆锥形的树木有圆柏、毛白杨等；呈笔形的树木有铅笔柏、塔杨等。园林树木的叶也有丰富多样的形貌，叶大者有巴西棕，其叶片可达 20 m 以上，小者有麻黄、侧柏，其鳞片叶仅几毫米长。一般原生热带湿润气候的植物叶较大，如芭蕉、椰子等，而产于寒冷干燥地区的植物叶多较小，如榆、槐等。叶的形状有针形、条形、圆形、卵形、掌形、椭圆形、三角形等。叶的质地有革质、纸质、膜质，有的粗糙多毛，有的坚硬多刺。例如，绒柏的整个树冠如绒团，具有柔软秀美的效果，而枸骨则坚硬多刺。

（三）芳香美

很多园林植物的花有香味，如含笑、桂花、月季、丁香、玫瑰、荷

花等。在园林中常有"芳香园"的设置，利用各种香花植物配植而成。在游人集中的公园绿地上也可配植香花植物，如月季、夜来香等，可增加公园绿地的魅力。夏季的香花植物还有荷花，荷花及荷叶有一股清香，闻之令人心情愉悦、消暑舒爽。中国古代园林中，如留园中的"闻木樨香"、拙政园中的"雪香云蔚"和"香远益清"（远香堂）等景观，都是因园林植物的香气而得名的。

（四）感应美

园林不单是一种视觉艺术，而且涉及听觉等感官。雨、雪、阴、晴等气候变化会改变空间的意境并深深地影响人的感受。例如，拙政园中的听雨轩，就是借雨打芭蕉而产生的声响效果来渲染气氛的；承德离宫中的"万壑松风"是借风掠过松林发出的涛声来营造意境的。此外，园林植物春、夏、秋、冬季相的变化使人感知到时间的流逝。

（五）引致美

园林植物开花时能吸引蜜蜂、蝴蝶等昆虫飞翔于其间，果实成熟时又招来各种鸟类前来啄食，给园林带来了生动活泼的气氛，丰富了园林景观的内容，创造出鸟语花香的意境。儿童们喜欢色彩鲜艳、果实累累的环境，布置精美的观果园可使儿童们流连忘返。

三、园林植物的建造功能

建造功能是指植物能在景观中充当限制和组织空间的因素，如建筑物的地面、天花板、墙面等，同时还能对景观、人的行动以及心理起到不同的作用。植物对室外环境的总体布局和室外空间的形成有着非常重要的作用，植物的大小、形态和植物所围合空间的封闭性和通透性都是设计时需要考虑的因素。在设计过程中，首先要考虑的是植物的建造功能，之后才考虑植物的观赏功能，同时植物不但能在人工的环境中发挥建造功能，而且在自然环境中也能发挥建造功能。

（一）用植物构成空间

空间感的定义是指由平面、垂直面以及顶平面单独或共同组成的具有实在的或暗示性的范围围合。园林绿地空间组织首先要在满足使用功能的基础上，运用各种艺术构图的规律创造既突出主题又富于变化的园林风景；其次是根据人的视觉特性创造良好的景物观赏条件，使景物在一定的空间里获得良好的观赏效果。

植物可以用于空间的任何一个平面，如在地平面上，以不同高度和不同种类的植物来暗示空间的边界。

在垂直面上植物可以通过几种方式影响空间感。设计师运用植物构成空间时，可根据设计目的选用不同高度、枝叶疏密不同、常绿或落叶的植物，并根据设计要求按不同的株距及赏景者的距离构成开敞、半开敞、封闭空间。

开敞空间：仅用低矮灌木及地被植物作为空间的限制因素，这种空间四周开敞，外向，无隐蔽性，完全暴露于阳光之下。在较大面积的开阔草坪上，除了低矮的植物以外，只有几株高大的乔木点缀其中，并不阻碍人们的视线，这样的空间也称得上开敞空间。

半开敞空间：这种空间与开敞空间有相似的特性，不过开敞的程度较小，它的空间一面或多面被较高植物围合，遮挡了视线。对于观者而言，对外起引景的作用，对内起障景、控制视线的作用。例如，花港观鱼公园的雪松草坪，三面用雪松、茶花等围合，一面向西湖开敞。

封闭空间：利用具有茂密树冠的遮阴树构成顶部盖，四周被中小型植物围合。这种空间常见于森林中，它相当隐蔽，无方向性，具有极强的隐秘性和隔离感。

封闭空间按照封闭位置的不同还可分为覆盖空间和垂直空间。覆盖空间通常位于树冠下与地面之间，通过植物树干分枝点的高低和浓密的树冠来形成空间感。树冠庞大，具有遮阴效果的常绿大乔木是形成覆盖空间的良好材料。攀缘植物攀附在花架、拱门、木廊等之上，也能够构成覆盖空间。用植物围合垂直面，开敞顶平面的空间称为垂直空间。分枝点低、树冠紧凑的中小乔木形成的树列，高树篱都可以构成垂直空间，也可以用攀缘、蔓生的植物附生在建筑或构筑物垂直面上来构成垂直空间。具有远近透视关系的狭长垂直空间形式容易产生"夹景"效果，具有突出轴线顶端景观，界定游人的行走路线，加强景深的效果。例如，纪念性园林中，通向纪念碑的园路两边栽植柏类植物，从垂直的空间中走向纪念碑，会有庄严、肃穆感。

顶平面空间：利用具有浓密树冠的遮阴树构成顶部覆盖而四周开敞的空间。

垂直空间：运用高而细的植物构成一个方向直立、朝天开敞的室外空间。

（二）组织空间

多种植物外观形态的综合运用可以创造、限定、提升、塑造外部空间，同时也可以引导观赏者感受设计空间。

1. 引导人的运动路线

道路两边的植物可以强化空间的方向感。通过园林植物的种植与园林其他要素限定空间，通过围合、开敞等方式引导人按照特定的方向在特定的区域内行进，设计人在园林作品中的视觉体验。

2. 连接空间

通过乔木或灌木的种植形成景框，从而将游人的注意力吸引到设计的焦点地区、主要景色区或远处的风景。例如，种植在门两边的植物给从门内和从门外所看到的景色加上了边框，植物作为连接物将门内和门外的空间连接起来。

四、园林植物的经济功能

无论是日常生活，还是工业生产，园林植物一直都在为人类无私奉献着，植物作为建筑、食品、化工等的主要原材料，产生了很大的直接经济效益（表1-2）；通过保护、优化环境，植物又创造了很大的间接经济效益。如此看来，人们在利用植物美化、优化环境的同时，能获取一定的经济效益。当然，片面地强调经济效益也是不可取的，园林植物景观的创造应该是在满足生态、观赏等各方面需要的基础上，尽量提高其经济收益。

表1-2　园林植物产生的经济效益

应用领域	具体应用	园林植物
木材加工	建筑材料、装饰材料、包装材料等	落叶松、红松、白蜡、水曲柳、柚木、美国花旗松、欧洲赤松、芸香、黄檀、紫檀、黑槭、栓皮栎等
畜牧养殖	枝、梢、叶作为饲料、肥料	牧草，如紫花苜蓿、红豆草等；饲料原材料，如象草
工业原料	树木的皮、根、叶可提炼松香、橡胶、松节油等	松科松属的某些植物，如油松、红松等可以提取松节油、松香，橡胶树可以提取橡胶
燃料	薪材	杨树、白榆、落叶松、云杉等
	燃油（汽油、柴油）	油楠、苦配巴（巴西）、文冠果、小桐子、黄连木、光皮树、油桐、乌桕、毛株、欧李、翅果油、石栗树、核桃、油茶等
医药	药用植物	金银花、杜仲、贝母、沙棘、何首乌、芦荟、石刁柏、番红花、唐松草、苍术、银杏、樟、多数芳香植物等
食品	果实、蔬菜、饮料、酿酒、茶、食用油	苹果、梨、葡萄、海棠、玫瑰、月季、枇杷、杏、板栗、核桃、柿、松属（松子）、榛、无花果、莲藕、菱白、荔枝、龙眼、柑橘等

第二章　园林植物造景概述

第一节　园林植物造景的概念与基本原则

一、园林植物造景的概念

无论是在东方文化中还是在西方文化中，"景观（landscape）"最早的含义中都包含视觉美学方面的意义，即与"风景"（scenery）近义。园林学科中所说的景观一般指具有审美特征的自然和人工的地表景色，意指自然或人工的风光、景色、风景。所谓植物景观，也可简单理解为园林景观中植物风光景色。作为一种学科概念，国内对其有多种相关或近义表述，如植物配置、种植设计等都与植物造景有关，只是侧重点不同。

植物造景是涉及园林植物学、园林规划设计、园林生态学、园林工程学、植物学、美学、文学等多学科知识与技术的综合性学科。植物造景可以被理解为按植物生态习性和园林布局要求，合理配置园林中各种植物（乔木、灌木、花卉、草皮和地被植物等），以发挥它们的园林功能和观赏特性。其内容是以园林植物为基本元素按照一定自然或人工法则构建而成的景观空间。

单从字面理解，植物景观也可以被视为自然或人工的植被、植物群落。植物景观所表现的形象可通过人们的感觉器官传到大脑，使人们对其产生一种感觉。作为园林学科概念，其概念内涵和外延的演化是一个不断丰富、发展、充实和完善的动态过程。从我国的园林发展历史看，传统园林基于植物本身形体、线条、色彩、气味等特征和其蕴含的文化意蕴，合理配置乔木、灌木、藤本及草本等，营造出一种人的感官可以感受到的形式美，但其服务对象（特别是人工造园的服务对象）、实践范围等是比较受限的。随着科学的发展，社会的进步和人类文化形态由农业文明到工业文明再到生态文明的演化，近、现代园林学科理论和设计理念、实践范围和对象范畴不断发展、演化，在服务对象方面拓展到为人类及其栖息的生态系统服务，在价值观方面拓展为生态和文化综合价值取向，在实践范围方面拓展为大至全球、小至庭院景观的全尺度。园林植物造景的概念也伴随园林学科概念的演变，从强调美学价值到注重将植物的生物学特性与美学价值结合起来考虑，再到近年来强调兼顾生态效益和美学价值，创造既符合生物学特性，又能充分发挥生态效益，同时又具美学价值的景观。其内涵从风景而言，是形式审美对象；从人居环境及城市形式而言，是理想人居空间和城市形态的重要表达形式和构成要素；从生态系统而言，是能量流动与物质循环的生产者，是完善的人居环境及城市生态系统结构和功能的不可或缺的组成部分；从文化而言，是一种记载历史，表达希望和理想，赖以认同和寄托的语言和精神空间。

二、园林植物造景的基本原则

园林植物造景要取得良好的效果，就必须遵循一定的原则。以下六个原则是其应当遵循的基本原则（图2-1）。

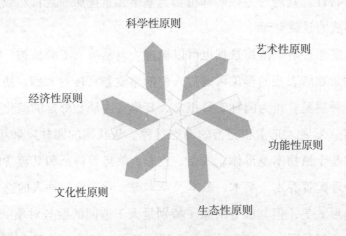

科学性原则
艺术性原则
经济性原则
功能性原则
文化性原则
生态性原则

图2-1　园林植物造景的基本原则

（一）科学性原则

1.因地制宜，适地适树

因地制宜指的是根据城市所处的具体地理位置和环境特点，采取对应的措施来实现某些目标。植物造景的因地制宜指严格遵循特定植物的生长规律，尽量满足其生长所需的各项条件，实现植物的良好生长，取得良好的景观效果。每个城市的土质和环境都不完全一样，根据城市环境的具体情况营造不同的景观，可以满足不同居民对园林造景的需求，使每个城市的园林设计都有自己的特点，让人感受到每个城市独特的美感，吸引更多的人来投资和生活。

在具体进行植物造景时，需要根据植物的特性进行局部的调整。不一样的植物给人带来的感受是不一样的，根据植物特点进行调整可以展现出不同植物独有的特色。例如，景观的周边种植迎春花，人们会觉得春天来了。

2.合理设置种植密度

树木种植的密度是否合适将直接影响功能的发挥。从长远考虑，应根据成年树木的树冠大小来确定种植距离。在种植设计时，应选用大苗、壮苗。如选用小苗，前期可进行密植，到一定时期后，再进行疏植，以达到合理的植物生长密度。另外，在进行植物搭配和确定密度时，要考虑速生树与慢生树、常绿树与落叶树之间的比例，以保证在一定的时间内植物群落的稳定性。

3.增强生物多样性，创造稳定的植物群落

植物是生态系统中非常重要的一部分。园林中植物造景可以应用多种植物，增强植物的多样性，以创造稳定的植物群落。不同的植物吸收有害气体和污水的能力不一样，增强园林中植物多样性，可以提高净化空气、污水的效果，最大程度提高环境的总体质量。

（二）艺术性原则

园林植物种植设计要遵循形式美法则，创造和谐的、具有艺术美的景观。在种植设计时要满足以下几个方面的要求。

1. 园林植物配置要与园林布局形式协调

植物的种植风格与方式要与园林绿地的总体布局形式相协调。如总体布局形式是规则式，植物配置就要采用规则式配置手法；如园林布局形式是自然式，植物配置就要采用与之协调的自然式配置手法；如园林布局形式为混合式，要多结合地形合理配置植物。在原地形平坦处，根据总体规划需要采用规则式的配置手法。在原地形条件较复杂处，如有丘陵、山谷、洼地等处，结合地形采用自然式配置手法。总之，园林植物配置要与园林的整体布局形式相协调。

2. 合理设计园林植物的季相景观

园林植物季相的变化能使人感受到明显的季节变化，体现园林的时令变化，创造独特的景观效果。例如，可将叶色、花色进行分级，有助于形成优美的植物色彩构图。要体现春、夏、秋、冬四季的植物季相，尤其是春、秋的季相，如北京的香山红叶。在同一个空间内，一般体现一季或两季的季相，效果较为明显，因此园林植物的季相景观也需在设计时进行总体规划，不能满园都是一个模式，要精心搭配园林植物，合理利用季相，创造具有不同特色的植物景观。因为季相景观毕竟是随季节变化而产生的暂时性景色，具有周期性，并且延续的时间短，所以不能只考虑季相中的景色，也要考虑季相后的景色。例如，福建山樱花开花时，花色烂漫，但花谢后却很平常，所以要做好与其他植物的搭配。在园林中可按地段的不同，分段配置，使每个区域或地段能突出一个季节植物景观主题，在统一中求变化，做好不同季相的植物之间的搭配尤为重要。

3. 要突出发挥园林植物的观赏特征

园林植物的观赏特性是多方面的，园林植物个体的形、色、香、姿态以及意境等都是丰富多样的。例如，榕树以树形奇特、枝叶繁茂、树冠巨大而著称，高可达 30 m，向四面无限伸展，其支柱根和枝干交织在一起，形似茂密的丛林，因此被称为"独木成林"。在园林植物搭配时，要突出园林植物的观赏特性，创造富有特色、丰富多样的园林景观，提升园林植物的观赏价值。

4. 注重植物的群体景观设计

园林植物种植设计不仅要考虑个体植物的观赏特性，还要考虑植物群体的观赏性。例如，乔木、灌木、草本合理搭配，形成多姿多彩、层次丰富的植物景观。也可利用植物不同的形态特征，通过高低、姿态、叶形、叶色、花形、花色的对比，突出不同植物的特性，营造植物景观。在植物配置时，要注意植物间的相互协调，不宜将差异很大的树种配置在一起。

5. 注重与其他园林要素配合

在植物配置时还要考虑植物与其他园林要素的搭配，处理好同山水、建筑、道路等园林要素之间的关系，使之成为一个有机整体。例如，与水体的结合。水边植物配置的重点在于线条构图，其景观主要是由湿生的乔灌木、水生植物和置石等组成，不同的园林要素以其形态和线条丰富了水体景观。

（三）功能性原则

植物配置时，首先应明确设计的目的和功能。不同的园林绿地具有不同的性质和功能，园林植物配置时必须满足绿地的功能要求。比如，街道绿化解决道路的遮阴和交通组织问题，兼具美化市容市貌的功能；综合性公园是城市公园系统的重要组成部分，是群众文化教育、娱乐、休息的场所，根据上述功能要求，综合性公园可配置乔灌木类植物、布置休憩活动空间，满足群众的不同需求；在儿童公园内一般选择无毒无刺、色彩鲜艳的植物进行自然式布置。因此，园林植物的种植设计要针对不同类型的绿地选择合适植物种类以及合适的植物造景方式，符合园林绿地功能上的要求。

（四）生态性原则

生态学指的是研究生物体和周边环境之间相互关系的科学。在植物造景中植物对环境具有积极的作用，中间不会出现水质污染的问题。可以有规律地安排植被，合理地计算树荫的位置和面积，实现园林的美感。生态学原理要求园林里的植物实现人和自然的和谐生存。植物配置应按照生态学原理，充分考虑物种的生态特征，合理选配植物种类，避免种间直接竞争，形成结构合理、功能健全、种群稳定的复层人工植物群落结构。

（五）文化性原则

植物景观一般都有一定的文化含义，成功的植物景观除了创造一定的生态景观和视觉景观以外，往往被赋予一定的文化内涵，弘扬园林植物景观的文化。首先，在植物选择上不能单纯考虑视觉效果，还需要考虑植物的文化性格，如松、梅、竹等。了解植物的文化性格，利用植物的文化含义进行造景，能创造意境深远的园林植物景观。其次，植物的分布有地带性，不同的气候和地理条件下生长着不同种类、不同形态的植物。植物景观是展示城市风情和特色的重要手段，在进行植物配置时，选择当地典型的植物能直接突显当地的地域特色，如杨树、榆树表现了北方的独特地域特色；椰子、棕榈则呈现了典型的南方特点。一个城市的总体植物景观的塑造要把民俗风情、传统文化以及历史等考虑进去，使植物景观具有明显的地域性和文化性，具有识别性和特色。

（六）经济性原则

进行植物配置时，一定要遵循经济性原则。在节约成本、方便管理的基础上，以最少的投入获得最大的生态效益和社会效益，为改善城市环境、提高城市居民生活环境质量服务。在植物种类的选择上，应该根据当地的气候特征和植被特点选择适合当地的植物，这样才能保证植物的成活率和生长良好，才能确保植物景观的营造。再者，乡土植物具有造价低、运输方便等优点，可以节省大量资金。

第二节　园林植物造景的生态学基础

植物生长环境中的温度、水分、光照、土壤、空气等因子都对植物的生长发育有着重要的作用。因此，研究环境中各因子与植物的关系是植物造景的基础。某种植物长期生长在某种环境里，受到该环境条件的特定影响，通过新陈代谢，形成了对某些生态因子的特定需要，这就是其生态习性，如仙人掌耐旱、不耐寒。有相似生态习性和生态适应性的植物则属于同一个植物生态类型，如水中生长的植物叫水生植物，耐干旱的叫旱生植物，需在强阳光下生长的叫阳性植物，在盐碱土中生长的叫盐生植物等。

一、环境对植物的生态作用

环境中各生态因子对植物的影响是综合的。缺乏某一因子，如光、水分、温度等，植物均不可能正常生长。环境中各生态因子又是相互联系、相互制约的，并非孤立的。温度的高低和地面相对湿度的高低受光照强度的影响，而光照强度又受大气湿度、云雾影响。尽管组成环境的所有生态因子都是植物生长发育所需的、缺一不可的，但对某一种植物，对植物的某一生长发育阶段来说，常常有 1～2 个因子起决定性作用，这种起决定性作用的因子就叫"主导因子"。而其他因子则是从属于主导因子，起综合作用的。例如，仙人掌是热带稀树草原植物，其主导因子是高温、干燥，这种植物离开了高温就要死亡。又如，高山植物长年生活在云雾缭绕的环境中，在引种到低海拔平地时，空气湿度是存活的主导因子，因此将其种在树荫下，一般较易成活。

（一）不同生境中生长着不同的植物种类

棕榈科中绝大部分种类都需要生长在温度较高的热带和亚热带南部地区的气候条件下，如椰子、伊拉克蜜枣、油棕、皇后葵、槟榔、鱼尾葵、散尾葵、糖棕、假槟榔等；落叶松、云杉、冷杉、桦木类等则需要生长在寒冷的北方或高海拔处；桃、梅、马尾松、木棉等需要生长在阳光充足之处；铁杉、金粟兰、阴绣球、虎刺、紫金牛、六月雪等需要生长在荫蔽的生长环境中；杜鹃、山茶、栀子花、白兰、芒萁等需要生长在酸性土壤中；在盐碱土上则生长碱蓬等；沙枣、沙棘、柠条、梭梭树、光棍树、龙血树、胡杨等在干旱的荒漠上生长着；而莲、睡莲、菱、蓬草等则生长在湖泊、池塘中。

（二）不同的环境影响植物体内有机物质的形成和积累

不同的环境除能影响植物的外部形态及内部结构外，还影响植物体内有机物质的变化。很多药用植物从野生植物变栽培植物后变化很大。例如，欧乌头（*Aconitum napellus*）的根在寒冷的气候下变得无毒；金鸡纳（*Cinchona ledgeriana*）在高温干旱条件下奎宁含量较高，在土壤湿度过大（饱和湿度的 90%）的环境中种植时奎宁含量降低很多。一般认为，在气候温和、湿润地区，野生植物和栽培植物各部分的物质形成以淀粉、碳水化合物形成的总量较多；相反地，在大陆性气候地区，即空气和土壤都比较干燥，光线充足的地区，有利于蛋白质和与蛋白质相近似的物质形成，不利于碳水化合物和油脂的形成。

二、温度对植物的作用及对景观效果的影响

温度是植物极重要的生活因子之一。地球表面温度变化很大，空间上，温度随海拔升高、纬度（北半球）的北移而降低；随海拔的降低、纬度的南移而升高；时间上，一年有四季的变化，一天有昼夜的变化。

（一）温度对植物的影响

1. 温度三基点

温度的变化直接影响着植物的光合作用、呼吸作用、蒸腾作用等生理作用。每种植物的生长都有最低、最适、最高温度，称为温度三基点。热带植物（如椰子、橡胶、槟榔等）日平均温度在 18 ℃时才能开始生长；亚热带植物（如柑橘、香樟、油桐、竹等）在 15 ℃左右时开始生长；暖温带植物（如桃、紫叶李、槐等）在 10 ℃，甚至不到 10 ℃时就开始生长；温带树种（如紫杉、白桦、云杉等）在 15 ℃左右时开始生长。一般植物在 0～35 ℃的温度范围内，随温度上升，生长速度加快，随温度降低，生长速度减缓。热带干旱地区植物能忍受的最高温度为 60 ℃。原产于北方高山的某些杜鹃花科小灌木，如长白山自然保护区白头山顶的牛皮杜鹃、苞叶杜鹃、毛毡杜鹃都能在雪地里开花。

2. 温度的影响

原产于冷凉气候条件下的植物，每年必须经过一段休眠期，并要在温度低于 5～8 ℃才能打破，不然休眠芽不会轻易萌发。为了打破休眠期，桃需 400 h 以上低于 7 ℃的温度，越橘要 800 h，苹果则更长。低温会使植物遭受寒害和冻害，在低纬度地方，某些植物即使温度不低于 0 ℃也能受害，称之为寒害；高纬度地区的冬季或早春，当气温降到 0 ℃以下时，一些植物会受害，叫冻害。冻害的严重程度视极端低温的度数、低温持续的天数、降温及升温的速度而异，也因植物抗性大小而异，因此植物造景

时，应尽量应用乡土树种，适当控制南树北移、北树南移，最好经栽培试验后再应用，较为保险。例如，椰子在海南岛南部生长旺盛，结果累累，到广州北部则果实变小，产量显著降低，在广州不仅不易结实，甚至还会遭受冻害。又如，凤凰木原产于热带非洲，在当地生长十分旺盛，花期长而先于叶放，引至海南岛南部，花期明显缩短，有花叶同放现象；引至广州，大多变成先叶后花，花的数量明显减少，甚至只有叶而无花，大大影响了景观效果。高温会影响植物的生长状况，如一些植物果实的果形变小，成熟度不一，着色不艳。

在园林实践中，常通过调节温度来控制花期，满足造景需要，如桂花属于亚热带植物，在北京桶栽，通常于 9 月开花。为了满足国庆用花需要，可通过调节温度，推迟到"十一"盛开。因在北京桂花花芽常于 6—8 月初在小枝端或者干上形成，当从高温的盛夏转入秋季之后，花芽就开始活动膨大，夜间最低温度在 17 ℃以下时就要开放，通过提高温度，就可控制花芽的活动和膨大。具体办法是在见到第一个花芽鳞片开裂活动时，将桂花移入玻璃温室，利用白天室内吸收的阳光热和晚上紧闭门窗，能自然提高温度 5～7 ℃，从而使夜间温度控制在 17 ℃以上，这样可使花蕾生长受抑。到国庆节前两周，搬出室外，由于室外气温低，花蕾迅速长大，经过两周的生长，正好于国庆开放。

（二）物候与植物景观

植物景观依季节不同而异，季节以温度作为划分标准。如以平均温度 10～22 ℃为春、秋季，22 ℃以上为夏季，10 ℃以下为冬季的话，广州夏季长达 6 个半月，春、秋连续不分，长达 5 个半月，没有冬季；昆明因海拔高达 1 900 m 以上，夏日恰逢雨季，实际上没有夏季，春秋季长达 10 个半月，冬季只有 1 个半月；东北夏季只有 2 个多月，冬季有 6 个半月，春秋有 3 个多月。同一时期南北地区温度不同，因此植物景观差异很大。春季：南北温差大，当北方气温还较低时，南方已春暖花开。例如，杏树分布很广，分布地区南起贵阳，北至东北的公主岭。除四川盆地开花较早外，贵阳开花最早，为 3 月 3 日，公主岭最迟，为 4 月 20 日，南北相差 48 d。研究南京到泰安的杏树花期可以发现，纬度每差 1°，花期平均延迟约 4.8 d。又如，西府海棠在杭州于 3 月 20 日开花，在北京则于 4 月 21 日开花，两地相差 32 d。夏季：南北温差小，如槐树在杭州于 7 月 20 日始花，北京则于 8 月 3 日开花，两地相差 13 d。秋季：北方气温先降低。当南方还是烈日炎炎时，北方已是秋高气爽了，那些需要冷凉气温才能于秋季开花的树木及花卉，比南方要开得早。例如，菊花虽为短日照植物，但 14～17 ℃才是始花的适宜温度。菊花在北京于 9 月 28 日开花，在贵阳则于 10 月底始花，南北相差 1 个月。此外，秋叶变色也是由北向南延迟，如桑叶在呼和浩特于 9 月 25 日变黄，在北京则于 10 月 15 日变黄，两地相差 20 d。

（三）温度与各气候带的植物景观

寒温带针叶林景观：分布于黑龙江、内蒙古北部等地，海拔 300～1 000 m，年均温 -2.2～-5.5 ℃，最冷月均温 -28～-38 ℃，极端低温 -53 ℃，最热月均温 16～20 ℃，活动积温 1 100～1 700 ℃，年降水量 300～500 mm，植物 800 余种。主要植物有兴安落叶松、西伯利亚冷杉、云杉、樟子松、偃松、白桦、山杨、蒙古栎等。林内结构简单，主要为乔木、草本，中间灌木层少。

温带针阔混交林景观：分布于黑龙江大部、吉林东部、辽宁北部、哈尔滨、牡丹江、佳木斯、长春、抚顺等地。长白山、小兴安岭海拔 500～1 500 m，年均温 2～8 ℃，最冷月均温 -10～-25 ℃，极端低温 -35℃，最热月均温 21～24 ℃，活动积温 1 600～3 200 ℃，生长期 120～150 d，年降水量 600～800 mm，植物 1 900 余种。主要植物有落叶松、红松、美人松、臭冷杉、紫杉、白桦、岳桦、蒙古栎、山杨、黄檗、槭树属、榛子、忍冬、越橘、长白漏斗菜、长白虎耳草等。藤本出现在林内的有北五味子、半钟铁线莲等。群落结构简单，层次少。

暖温带针阔混交林景观：分布于辽宁大部河北、山西大部、河南北部、甘肃南部、山东、江苏北部、安徽北部等地，北起渤海湾，西至蒙古高原，南临秦岭，包括黄土高原、辽宁半岛、山东半岛，有著名的华山、泰山、嵩山、太白山、崂山等，地势起伏，海拔高低不匀。秦岭海拔 3 000 m 以上，而华北平原仅 50 m。年均温 9.0 ～ 14 ℃，最冷月均温 -2 ～ -13.8 ℃。极端低温：沈阳 -30.5 ℃，北京 -27.4 ℃，青岛 -16.4 ℃。最热月均温 24 ～ 28 ℃，活动积温 3 200 ～ 4 500 ℃。植物 3 500 余种，年降水量一般为 500 mm。该区域植物主要是松树、栎树，其他还有椴、白蜡、杨、柳、榆、槐、椿、栾等树种。该区域果树较多，有杏、桃、枣、苹果、梨、山楂、柿子、葡萄、核桃、板栗、海棠等。

亚热带常绿阔叶林景观：分布于江苏、安徽大部、河南南部、陕西南部、四川东南、云南、湖南、湖北、江西、浙江、福建、广东、广西壮族自治区大部等地。这些地区地形复杂，植物种类极为丰富。年均温 14 ～ 22 ℃，最冷月均温 2.2 ～ 13 ℃，最热月均温 28 ～ 29 ℃，活动积温 4 500 ～ 8 000 ℃。自然植物景观中常绿阔叶林占绝对优势，其中山毛榉科、山茶科、木兰科、金缕梅科、樟科、竹类资源丰富。孑遗植物有银杏、水杉、银杉、金钱松等。有很多次生的马尾松、枫香及杉木林。经济林树种有油桐、茶、油茶、漆树、山核桃、香樟、棕榈、乌桕、桑等。果树有柑橘、枇杷、李、花红、石榴、银杏、柿、梅等。植物景观中有较多的落叶树种。

热带雨林景观：分布于云南、广西、广东等的南部地区。如景洪、南宁、北海、湛江海口、三亚等地，年均温 22 ～ 26.5 ℃，最冷月均温 16 ～ 21 ℃，极端低温大于 5 ℃，最热月均温 26 ～ 29 ℃，活动积温

8 000～10 000 ℃。全年基本无霜，降雨量极为丰富，为 1 200～2 200 mm。植物种类极为丰富，棕榈科、山榄科、紫葳科、茜草科、木棉科、楝科、无患子科、梧桐科、桑科、龙脑香科、橄榄科、大戟科、番荔枝科、肉豆蔻科、藤黄科、山龙眼科等树种较多。雨林内植物种类繁多，层次结构复杂，少则 4～5 层，多则 7～8 层。藤本植物种类增加，尤其多木本大藤本。出现层间层、绞杀现象、板根现象、附生景观，林下有极耐阴的灌木、大叶草本植物和大型蕨类植物。

三、水分对植物的生态作用及对景观效果的影响

水分是植物体的重要组成部分。一般植物体含有 60%～80%，甚至 90% 以上的水分。植物对营养物质的吸收和运输，以及光合、呼吸、蒸腾等作用，都必须在有水分参与的情况下才能进行。水是植物生存的物质条件，也是影响植物形态结构、生长发育、繁殖及种子传播等的重要的生态因子。因此，水可直接影响植物的健康生长。自然界水的状态有固体状态（雪、霜、雹等）、液体状态（雨水、露水）、气体状态（云、雾等）。雨水是植物水分主要来源，因此年降雨量、降雨的次数、强度及异常情况均直接影响植物的生长与景观。

（一）空气湿度与植物景观

空气湿度对植物生长起很大作用。在云雾缭绕、高海拔的山上，有着千姿百态、万紫千红的观赏植物，它们长在岩壁上、石缝中、瘠薄的土壤母质上，或附生于其他植物上。这类植物没有坚实的土壤基础，它们的生存需要较高的空气湿度。在高温高湿的热带雨林中，高大的乔木上常附生有大型的蕨类，如鸟巢藤、岩姜蕨、书带蕨、星蕨等，植物体呈悬挂、下垂姿态，抬头观望，犹如空中花园，这些植物都发展了自己特有的贮水组织。海南岛尖峰岭上，由于树干、树杈以及地面长满苔藓、地生兰、气生兰到处生长；天目山、黄山的云雾草必须在高海拔处，具

有足够的空气湿度才能附生在树上，花朵艳丽的独蒜兰和吸水性很强的苔藓一起生长在高海拔的岩壁上；黄山鳌鱼背的土壤母质上生长着绣线菊等耐瘠薄的观赏植物，其主要依靠较高的空气湿度维持生长。上述这些自然的植物景观可以模拟，只要创造相对空气湿度不低于80%的环境，就可以在展览温室中进行人工的植物景观创造，一段朽木上就可以附生很多花朵艳丽的气生兰、花与叶部美丽的凤梨科植物以及各种蕨类植物。

（二）水与植物景观

不同的植物种类，由于长期生活在不同水分条件的环境中，形成了对水分需求关系上不同的生态习性和适应性。根据植物对水分的关系，可把植物分为水生、湿生（沼生）、中生、旱生等生态类型，它们在外部形态、内部组织结构、抗旱能力、抗涝能力以及植物景观上都是不同的。园林中有不同类型的水体，如河、湖、塘、溪、潭、池等，不同水体的水深、面积及形状不一，必须选择相应的植物来美化。

1. 水生植物景观

生活在水中的水生植物，有的沉水，有的浮水，有的部分器官挺出水面，因此在水面上形成的景观各不相同。由于植物体所有水下部分都能吸收养料，水生植物的根往往就退化了。例如，槐叶萍属（*Salvinia*）是完全没有根的；满江红属（*Azolla*）、浮萍属（*Lemna*）、水鳖属（*Hydrocharis*）、雨久花属（*Monochoria*）等植物的根形成后，不久便停止生长，不分枝，并脱去根毛；浮萍（*Lemna minor*）、杉叶藻（*Hippuris vulgaris*）、白睡莲（*Nymphaea alba*）都没有根毛。水生植物枝叶形状多种多样，如金鱼藻属（*Ceratophyllum*）植物沉水的叶常为丝状、线状，杏菜、萍蓬等浮水的叶常很宽，呈盾状口形或卵圆状心形。不少植物，如菱属（*Trapa*），有两种叶，沉水叶为线形，浮水叶为菱形。

2. 湿生植物景观

在自然界中，这类植物的根常没于浅水中或湿透了的土壤中，常见于水体的港湾或热带潮湿、荫蔽的森林里。这是一类抗旱能力很小的陆生植物，不适应空气湿度有很大的变动的生长环境。这类植物绝大多数是草本植物，木本的较少。在植物造景中可用的有落羽松、池杉、墨西哥落羽松、水松、水椰、红树、白柳、垂柳、旱柳、黑杨、枫杨、箬棕属、沼生海枣、乌桕、白蜡、山里红、赤杨、梨、楝、三角枫、丝棉木、柽柳、夹竹桃、榕属、水翁、千屈菜、黄花鸢尾、驴蹄草等。

3. 旱生植物景观

在黄土高原荒漠、沙漠等干旱的热带生长着很多抗旱植物。例如，海南岛荒漠及沙滩上的光棍树、木麻黄，叶都退化成很小的鳞片，伴随着龙血树、仙人掌等植物生长。一些多浆的肉质植物在叶和茎中贮存大量水分。例如，猴面包树树干最粗的需由 40 人手拉手才能合抱一圈，可储水 40 t 之多；南美洲中部的瓶子树，树干粗达 5 m，也能储存大量水分；北美沙漠中的仙人掌，高可达 15～25 m，可蓄水 2 t 以上。一些树种的根系可扎得很深。在开凿苏伊士运河时，发现有的柽柳根长 30 m，可以穿过沙漠干旱的土层，一直到达地下水处。在沙漠干旱地区的樟子松，由于沙被风蚀，根露出地面高约 2 m，却不风倒，因其水平根的分布长达 17～18 m。我国的樟子松、小青杨、小叶杨、小叶锦鸡儿、柳叶绣线菊、雪松、白柳、旱柳、构树、黄檀、榆、朴、胡颓子、山里红、皂荚柏木、侧柏、桧柏、臭椿、杜梨、槐、黄连木、君迁子、白栎、栓皮栎、石栎、苦槠、合欢、紫藤、紫穗槐等都很抗旱，是旱生景观造景的良好树种。

四、光照对植物的生态作用及对景观效果的影响

植物依靠叶绿素吸收太阳光能，并利用光能进行物质生产，把二氧

化碳和水加工成糖和淀粉，放出氧气供植物生长发育，这就是光合作用。光的强度、光质以及日照时间的长短都影响着植物的生长和发育。植物对光强的要求，通常通过光补偿点和光饱和点来表示。光补偿点又叫收支平衡点，就是光合作用所产生的碳水化合物与呼吸作用所消耗的碳水化合物达到动态平衡时的光照强度。在这种情况下，植物不会积累干物质，即光强降低到一定限度时，植物的净光合作用等于零。如能测试出每种植物的光补偿点，就可以了解其生长发育的需光度，从而预测植物的生长发育状况及观赏效果。在补偿点以上，随着光照的增强，光合作用强度逐渐提高，这时光合强度就超过呼吸强度，开始在植物体内积累干物质，但是到一定值后，再增加光照强度，光合强度却不再增加，这种现象叫光饱和现象，这时的光照强度就叫光饱和点。光照强度的单位是米烛光，或称勒克斯，用 lx 来表示。测定光照强度的仪器，一种是有各种型号的照度计，可直接显示 lx 的数字；另一种用太阳辐射仪，通过计算垂直于太阳光下单位面积（cm^2）在单位时间内（min）所获得总热量（cal/（$cm^2 \cdot min$））。采用这种办法不仅包括可见光，也包括不可见光的辐射效应在内。

（一）不同光强要求的植物生态类型

根据植物对光照强度的要求，可将植物分成阳性植物、阴性植物和介于这两者之间的耐阴植物，其所需的光照条件不同，这是对环境长期适应的结果。

1. 阳性植物

阳性植物要求较强的光照，不耐荫蔽。一般需光度为全日照 70% 以上的光强，在自然植物群落中，常为上层乔木，如木棉、木麻黄、椰子、芒果、杨、柳、桦、槐、油松及许多一二年生植物。

2. 阴性植物

阴性植物在较弱的光照条件下比在强光下生长良好。一般需光度为全日照的 5% ~ 20%，不能忍受过强的光照，尤其是一些树种的幼苗，需在一定的荫蔽条件下才能生长良好。在自然植物群落中常处于中、下层，或生长在潮湿背阴处。在群落结构中常为相对稳定的主体，如红豆杉、三尖杉、粗榧、香榧、铁杉、可可、咖啡、肉桂、萝芙木、珠兰、茶、紫金牛、中华常春藤、地锦、三七、草果、人参、黄连、细辛、宽叶麦冬及吉祥草等。

3. 耐阴植物

耐阴植物一般需光度在阳性和阴性植物之间，对光的适应幅度较大，在全日照条件下生长良好，也能忍受适当的荫蔽。大多数植物属于此类，如罗汉松、竹柏、山楂、椴树、栾树、君迁子、桔梗、棣棠、珍珠梅、虎刺及蝴蝶花等。

目前在进行植物造景时多根据经验来判断植物的耐阴性，但是这样做极不精确。例如，昆明常用树种所需光强由高到低排列如下：针叶树依次为云南松、侧柏、桧柏、油杉、华山松、肖楠、冷杉；阔叶树为蓝桉、滇杨、黄连木、麻栎、旱冬瓜、合欢、无患子、红果树、青冈、香樟。必须指出，植物的耐阴性是相对的，其喜光程度与纬度、气候、树龄、土壤等条件有密切关系。在低纬度的湿润、温热气候条件下，同一种植物要比在高纬度较冷凉气候条件下耐阴。例如，红锥在桂北（北纬25°）为阴性树种，到了闽北（北纬27°）成了较喜光树种。在山区，随着海拔高度的增加，植物喜光程度也相应增加。

（二）植物造景中耐阴性的研究

植物造景时，可通过适地适树以及加强管理、换土等措施来满足与控制温度、水分、土壤因子条件，只有了解各种树种及草本植物耐阴性，才能在顺应自然的基础上，科学地配置，组成既美观又稳定的人工群落。

一品红原产于墨西哥，在华南露地栽培，北京用作温室盆栽。一品红为短日照植物，正常花期在12月中下旬，花期长，可开至4月。为了使其在"七一""十一"提前开花，就需遮光处理，缩短每天的光照时间。一般在密闭的黑色塑料棚内进行，早上8时打开棚布，下午5时再遮严，一天见光时间在8～10 h。单瓣品种在8月上旬开始遮光处理，经45～55 d，可在"十一"开花。菊花原产我国，为短日照植物，在北京的自然花期是10月底。因北京日照时间7月平均为14.6 h，8月为13.6 h，9月为12.3 h，菊花要在日照时间少于12 h的条件下才能开花，故在自然情况下，9月底孕蕾，10月底开花。如要在"十一"开花，就需从8月1日开始每天从下午5时开始遮光，清晨7时打开，经21～25 d就可现蕾，在"十一"开花。如要在"五一"开花，可于12月初将开过花的植株剪去上部，换盆后在温室内培养，使新芽继续生长。1月中旬将温度增至21 ℃左右，并予以保持。2月初（立春）开始孕蕾，并遮光，每天只给10 h光照，2月底、3月初就可现蕾，4月下旬花朵陆续开放。如要在"七一"开放，需把在阳畦或低温温室内过冬的菊芽在4月中旬（清明至谷雨之间）换栽于小盆内，并进行遮光处理（只给10 h光照），方法同上，至6月底就能开花。目前，国内外菊花切花生产通过在温室内进行遮光处理，已实现四季供花。因此，通过控制光照条件，可以对植物的花期进行调节，使它在节日开花，用来布置花坛、美化街道以及各种场合造景。

五、空气对植物的生态作用及对景观效果的影响

（一）风对植物的生态作用及景观效果

空气中二氧化碳和氧都是植物光合作用的主要原料和物质条件，这两种气体的浓度直接影响植物的健康生长与开花状况。树木有机体主要由碳组成（碳45%、氧42%、氢6.5%、氮1.5%、其他5%），来自二氧化碳的

碳、氧能大大提高植物光合作用效率，因此在植物的养护栽培中有时会使用二氧化碳发生器等。空气中还常含有植物分泌的挥发性物质，其中有些会影响其他植物的生长。例如，铃兰花朵的芳香能使丁香萎蔫，洋艾分泌物能抑制圆叶当归、石竹、大丽菊、亚麻等生长。有的还具有杀菌驱虫作用。风是由于空气流动形成的，对植物有利的生态作用表现在帮助授粉和传播种子。兰科和杜鹃花科的种子细小，质量不超过 0.002 mg。杨柳科、菊科、萝藦科、铁线莲属、柳叶菜属植物有的种子带毛；榆、械属、白蜡属、枫杨、松属某些植物的种子或果实带翅；铁木属的种子带气囊，都借助风来传播。此外，银杏、松、云杉等的花粉也都靠风传播。风的有害生态作用表现在台风、焚风、海潮风、冬春的旱风、高山强劲的大风等对环境的破坏。沿海城市常受台风侵袭，如厦门台风过后，冠大荫浓的榕树可被连根拔起，大叶桉主干折断，凤凰木小枝纷纷吹断，盆架树由于大枝分层轮生，风可穿过，只折断小枝，只有椰子树和木麻黄较为抗风，四川渡口、金沙江的深谷、云南河口等地有极其干热的焚风，焚风一过，植物就纷纷落叶，有的甚至死亡。海潮风常把海中的盐分带到植物体上，如抗不住高浓度的盐分，植物就会死亡。青岛海边口红楠、山茶、黑松、大叶黄杨、大叶胡颓子、柽柳的抗性就很强。北京早春的干风是植物枝梢干枯的主要原因。由于土壤温度还没提高，根部没恢复吸收机能，在干旱的春风吹拂下，枝梢会失水而枯。强劲的大风常在高山、海边、草原上遇到。由于大风经常性地吹袭，直立乔木的迎风面的芽和枝条干枯、侵蚀折断，只保留背风面的树冠，如一面大旗，形成旗形树冠的景观。在高山风景点上，犹如迎送游客。有些迎风面枝条，常被吹得弯曲到背风面生长，有时主干因常年被吹，沿风向平行生长，形成扁化现象。为了适应多风、大风的高山生态环境，很多植物植株低矮，贴地生长，株型变成与风摩擦力较小的流线型，成为垫状植物。

（二）大气污染对植物的影响

随着工业的发展，工厂排放的有毒气体无论在种类和数量上都愈来愈多，对人们的健康和植物产生了严重的影响。尤其是油漆厂、染化厂等有机化工厂中一些苯酚、醚化合物的排放物，对人体和植物的影响很大。

1. 植物受害症状

二氧化硫进入叶片气孔后，遇水变成亚硫酸，进一步形成亚硫酸盐。当二氧化硫浓度高过植物自行解毒能力（转成毒性较小的硫酸盐的能力）时，积累起来的亚硫酸盐可使海绵细胞和栅栏细胞发生质壁分离，然后收缩或崩溃，叶绿素分解。在叶脉间或叶脉与叶缘之间出现点状或块状伤斑，产生失绿或褪色变黄的条斑。但叶脉一般保持绿色，不受伤害。受害严重时，叶片萎蔫下垂或卷缩，经日晒失水干枯或脱落。

氟化氢进入叶片后，常在叶片先端和边缘积累，积累到足够浓度后，会使叶肉内细胞发生质壁分离而死亡，故氟化氢所引起的伤斑多半集中在叶片的先端和边缘，呈环带状分布，然后逐渐向内发展，严重时叶片枯焦脱落。

氯气对叶肉细胞有很强的杀伤力，很快破坏叶绿素，产生褪色伤斑，严重时全叶漂白脱落，其伤斑与健康组织之间没明显界限。

光化学烟雾使叶片下表皮细胞及叶肉中海绵细胞发生质壁分离，并破坏其叶绿素，从而使叶片背面变成银白色、棕色、古铜色或玻璃状，叶片正面会出现一道横贯全叶的坏死带。受害严重时会使整片叶变色，很少发生点状、块状伤斑。

2. 植物受害结果

有毒气体破坏了叶片组织，降低了光合作用，直接影响了生长发育，会使植物生长量降低、早落叶、延迟开花结实或不开花结果、果实变小、产量降低、树体早衰等。

六、土壤对植物的生态作用及景观效果

植物生长离不开土壤，土壤是植物生长的基质。土壤对植物最明显的作用之一就是提供植物根系生长的场所。没有土壤，植物就不能站立，更谈不上生长发育。根系在土壤中生长，从土壤中获取生长需要的水分、养分。

（一）基岩与植物景观

不同的岩石风化后形成不同性质的土壤，不同性质的土壤上有不同的植被，有不同的植物景观。岩石风化物对土壤性状的影响主要表现在对其物理、化学性质的影响上，如土壤厚度、质地、结构、水分、空气、湿度、养分等状况以及酸碱度等。石灰岩主要由碳酸钙组成，属钙质岩类风化物。风化过程中，碳酸钙被酸性水溶解，大量随水流失，土壤中缺乏磷和钾，多具石灰质，呈中性或碱性反应。土壤黏实、易干，不适宜针叶树生长，适宜喜钙、耐旱植物生长，上层乔木则以落叶树占优势。杭州龙井寺附近及烟霞洞多属石灰岩，乔木树种有珊瑚朴、大叶榉、榔榆、杭州榆、黄连木，灌木中有石灰岩指示植物南天竹和白瑞香。植物景观常以秋景为佳，秋色叶绚丽夺目。砂岩属硅质岩类风化物，其组成中含大量石英，坚硬，难风化，多构成陡峭的山脊、山坡。在湿润条件下，形成酸性土。砂质，营养元素贫乏。流纹岩也难风化，在干旱条件下，多石砾或砂砾质，在温暖湿润条件下呈酸性或强酸性，形成红色黏土或砂质黏土。

杭州云栖及黄龙洞土壤分别为砂岩和流纹岩，植被组成中以常绿树种较多，如青冈栎、米槠、苦槠、浙江楠、紫楠、绵槠、香樟等，也适合马尾松、毛竹生长。

（二）土壤物理性质对植物的影响

土壤物理性质主要指土壤的机械组成。理想的土壤是"疏松，有机

质丰富，保水、保肥力强，有团粒结构的壤土"。团粒结构内的毛细管孔隙小于 0.1 mm 时，有利于贮存大量水、肥；而团粒结构间非毛管孔隙大于 0.1 mm，有利于通气、排水。城市土壤的物理性质具有极大的特殊性。很多土壤为建筑土壤，含有大量砖瓦与渣土，如其含量在 30% 时，还能够通气，使根系生长良好；如含量高于 30%，则保水能力较差，不利于根系生长。

城市内土壤由于人踩车压，土壤密度增加，土壤透水和保水能力降低，自然降水大部分变成地面径流损失掉或被蒸发掉，不能渗透至土壤中，造成缺水。土壤被踩踏紧密后，土壤内孔隙度降低，土壤通气不良，抑制了植物根系的伸长生长，使根系上移（一般土壤中空气含量占土壤总容积 10% 以上，才能使根系生长良好，可是被踩踏紧密的土壤中，空气含量仅占土壤总容积的 2%）。人踩车压还增加了土壤硬度。一般人流影响土壤深度为 3～10 cm，土壤硬度为 14～18 kg/cm²；车压影响深度为 30～35 cm，土壤硬度为 10～70 kg/cm²；机械反复碾压的建筑区，影响深度可达 1 m 以上。经调查，油松、白皮松、银杏、元宝枫在土壤硬度为 1～5 kg/cm² 时，根系多；土壤硬度为 5～8 kg/cm² 时，根系较多；土壤硬度为 15 kg/cm² 时，根系少；土壤硬度大于 15 kg/cm² 时，没根系。臭椿、刺槐、槐树土壤硬度为 0.9～8 kg/cm² 时，根系多；土壤硬度为 8～12 kg/cm² 时，根系较多；土壤硬度为 12～22 kg/cm² 时，根系较少；土壤硬度大于 22 kg/cm² 时，没根系，因为根系无法穿透土壤，毛根死亡，菌根减少。城市内一些地面用水泥、沥青铺装，封闭性大，留出树池很小，也造成土壤透气性差，硬度大。大部分裸露地面由于过度踩踏，地被植物无法生长，提高了土壤温度。例如，北京天坛公园夏季裸地土表温度最高可达 58 ℃；地下 5 cm 处高达 39.5 ℃；地下 30 cm 处在 27 ℃以上，影响根系生长。

（三）土壤不同酸碱度的植物生态类型

据我国土壤酸碱性情况，可把土壤酸碱度分成五级：pH<5 为强酸性；pH 5 ~ 6.5 为酸性；pH 6.5 ~ 7.5 为中性；pH 7.5 ~ 8.5 为碱性；pH>8.5 为强碱性。

酸性土壤植物在碱性土或钙质土里不能生长或生长不良。它们分布在高温多雨地区，土壤中盐质（如钾、钠、钙、镁）被淋溶，而铝的浓度增加，土壤呈酸性。另外，在高海拔地区，由于气候冷凉、潮湿，在以针叶树为主的森林区，土壤中形成富里酸，含灰分较少，因此土壤也呈酸性。这类植物有柑橘、茶、山茶、白兰、含笑、珠兰、八仙花、肉桂、高山杜鹃等。

土壤中含有碳酸钠、碳酸氢钠时，pH 可达 8.5 以上，称为碱性土。能在盐碱土里生长的植物叫耐盐碱植物，如新疆杨、合欢、文冠果、黄栌、木槿、柽柳、油橄榄、木麻黄等。

土壤中含有游离的碳酸钙的土壤称为钙质土，有些植物在钙质土里生长良好，被称为"钙土植物"（喜钙植物），如南天竹、柏木、青檀、臭椿等。

第三节　园林植物造景的形式与方法

一、园林植物造景的形式

园林植物造景的形式有很多种，下面介绍几种常见的分类方式及对应的造景形式。

（一）按景观风格分类

1.自然式植物景观

自然式植物景观通过模拟自然森林、草原、草甸、沼泽等景观，结合地形、水体、道路来配置植物，力图体现植物自然的个体美及群体美，包括季相变化之美和枝、叶、花、果等细部的美。自然式的植物景观容易产生宁静、深远、活泼的气氛，以中国自然山水园与英国风景式园林为代表。

2.规则式植物景观

规则式植物景观通过对植物进行等距离排列或作规律性的重复及修剪整形来取得整齐划一的景观效果，表现人工美。规则式的植物景观可以带来雄伟、庄严、肃穆的气氛。法国、意大利、荷兰等国的古典园林中，植物景观多半是规则式植物景观。

3.混合式植物景观

混合式植物景观介于自然式和规则式之间，即将两种形式结合使用，需要综合考虑周围环境、园林风格、设计意向、功能需求等，力图使植物配置与其他构景要素相协调。混合式植物造景形式在现代园林中使用广泛。

（二）按景观素材的组成分类

1.树木景观

树木景观是指利用乔木和灌木组成园林景观，按其组合方式可分为孤植、对植、列植、丛植、群植等。

2.花卉景观

花卉景观是指利用草本及木本花卉营造园林景观，具体应用方式有花坛、花境、花丛、花台、花池、花箱、花钵等。

3. 草坪景观

草坪是指多年生低矮草本植物，由人工建植后经养护管理而形成的相对均匀、平整的草地植物群落和表土层构成的整体。根据草坪的植物组成可将其分为单纯草坪、混合草坪、缀花草坪、配树草坪；根据其用途又可将其分为观赏草坪、游憩草坪、运动场草坪等。

4. 地被植物

景观地被植物是指具有一定观赏价值，用于铺设大面积裸露平地或坡地，或用于覆盖阴湿林下和林间隙地等各种环境的地面的多年生草本及低矮丛生、枝叶密集或偃伏性或半蔓性的灌木以及藤本植物。地被植物景观可以增加植物层次，丰富园林景观，提高园林的艺术效果，给人们提供优美舒适的环境。

5. 藤本植物

藤本植物是指自身不能直立生长，需要依附他物或匍匐在地面上生长的木本或草本植物。藤本植物景观形式包括棚架式绿化，绿廊式绿化，墙面绿化，篱垣式绿化，立柱式绿化，阳台、窗台及室内绿化，山石、陡坡及裸露地面的绿化等。

6. 专类园植物景观

专类园是指专门收集若干著名花卉和观赏花木，将每种观赏植物已有的种和品种收罗起来，结合地形地貌的变化，建筑物的配置与草地、水池、花架的组合，构成艺术评价极高的专类花园。专类花园既可以展示种类的相似性（如岩石园、沙漠植物园），又可展示品种的多样性（如牡丹园、月季园、梅园）等。

二、园林植物造景的方法

在进行园林植物造景时，需要将绘画和造园的方法进行有机结合。通常园林植物造景的方法包括以下四种（图2-2）。

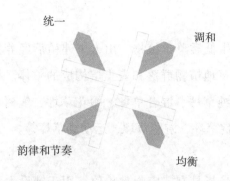

统一

调和

韵律和节奏

均衡

图 2-2　园林植物造景的方法

（一）统一

统一也称"变化与统一"或"多样与统一"。进行植物景观设计时，树形、色彩、线条、质地及比例都要有一定的差异和变化，以显示多样性，但又要使它们之间保持一定的相似性，以使景观具有统一性，这样既生动活泼，又和谐统一。变化过多，整体就会显得杂乱无章，失去美感；但缺乏变化，又会显得单调呆板。因此，要在统一中求变化，在变化中求统一。

可以运用重复的方法使植物景观具有统一性。例如，行道树等距离配置同种、同龄树种，或在乔木下配置同种、同龄花灌木，使景观具有统一性。长江以南盛产各种竹类，在竹园的景观设计中，众多的竹类有相似的竹叶及竹竿的形状，但是丛生竹与散生竹有聚有散，高大的毛竹、钓鱼慈竹或麻竹等与低矮的箐竹配置则高低错落，龟甲竹、人面竹、方竹、佛肚竹则节间形状各异，紫竹、金竹等色彩多变，这些竹类经巧妙配置，在统一中实现了变化，在变化中达到了统一。

（二）调和

调和即协调和对比。园林植物景观设计要注意植物搭配，体现调和的原则，使人感到平静、舒适和愉悦。选择具有近似性和一致性的植物，将其配置在一起，才能产生协调感。相反，则会形成对比，能够使人产生兴奋、热烈和奔放的感受。因此，在植物景观设计中常用对比的手法来突出主题或引人注目。

在植物与建筑物配置时要注意体量、重量等比例的协调。例如，广州中山纪念堂主建筑两侧各用一棵冠径达 25 m 的庞大的白兰花与之相协调；南京中山陵两侧用高大的雪松与雄伟庄严的陵墓相协调。一些质地粗糙的建筑墙面可用粗壮的紫藤等植物来美化，但对于质地细腻的瓷砖、马赛克墙面，则应选择枝叶纤细的攀缘植物来美化。

色彩构图中三原色并列时相互排斥，对比强烈，可呈现跳跃新鲜的效果。对比色用得好，可以突出主题，烘托气氛。例如，我国造园艺术中常用"万绿丛中一点红"来进行强调。又如，上海西郊公园大草坪上一株榉树与一株银杏配植。秋季榉树叶色紫红，枝条细柔斜出，而银杏秋叶金黄，枝条粗壮斜上，两者对比鲜明。再如，浙江自然风景林中常以阔叶常绿树为骨架，其中很多是栲属中叶片质地硬且具光泽的照叶树种，与红、紫、黄三色均有的枫香、乌桕配植在一起，产生强烈的对比，致使秋色极为突出。

（三）均衡

在植物配植时将体量、质地各异的植物种类按均衡的原则配植，使景观显得稳定、舒适。例如，色彩浓重、体量庞大、数量繁多、质地粗厚、枝叶茂密的植物种类，给人以厚重的感觉；色彩寡淡、体量小巧、数量简少、质地细柔、枝叶疏朗的植物种类，则给人以轻盈的感觉。

根据周围环境，在配置时采用规则式均衡（对称式）或自然式均衡（不对称式）。规则式均衡常用于规则式建筑及庄严的陵园或雄伟的皇家园林中。例如，门前两旁配置对称的桂花；楼前配置等距离、左右对称的南洋杉、龙爪槐等；陵墓前、主路两侧配置对称的松或柏等。自然式均衡常用于花园、公园、植物园、风景区等较自然的环境中。在蜿蜒曲折的园路两旁，可以在一侧种植一株高大的雪松，另一侧种植数量较多、单株体量较小、成丛的花灌木，以求均衡。

（四）韵律和节奏

配置中有规律地再现称为节奏，在节奏的基础上深化而形成的既富有情调又有规律、可以把握的属性称为韵律。例如，"西湖景致六吊桥，一枝杨柳一枝桃"就是讲每当阳春三月，长长的苏堤上，红绿相间的柳枝和桃花相间排列产生活泼跳动的"交替韵律"；人工修剪成的各种形状变化的绿篱以及种植不同季相变化的绿篱植物，可以产生形状和季相变化的韵律；而由不同种类、不同色彩的植物所构成的形状变化的花坛本身就富有韵律美；若在布置花境时，把植物按高低错落作不规则重复，花期按季节而此起彼落，让人们全年欣赏不绝，而高低、色彩、季相都在交错变化之中，就会产生无穷的韵律；一大片林木本身所构成的富有变化的林冠线、林缘线，突出表现了起伏曲折的韵律美。园林景物中连续重复的部分，作规则性的逐级增减变化，还会形成"渐变韵律"，如植物群落布置逐渐由密变疏、由高变低，色彩由浓变淡，可获得调和的韵律感。

需要注意的是，在植物配置中，韵律、节奏不能有过多的变化，变化过多必然会显得杂乱。

第三章　园林植物造景与美学研究

第一节　植物造景的美学原理

一、色彩原理

(一) 色彩构成

色彩，可分为无彩色和有彩色两大类。前者如黑、白、灰，后者如红、黄、蓝等颜色。同一色彩又有着不同明度、色相、彩度，各种不同的颜色构成了这个丰富多彩的世界。

(二) 色彩的心理效应

在红色的环境中，人的脉搏会加快，血压会升高，情绪兴奋冲动，人们会感觉温暖，而在蓝色环境中，脉搏会减缓，情绪也较沉静，人们会感到寒冷。其实，这些仅仅是人的错觉，这种错觉源自色彩给人造成的心理错觉或者视觉错觉，所以为了达到理想的景观效果，设计师应根据环境、功能、服务对象等选择适宜的植物色彩进行搭配。

1. 色彩的冷暖感

不同的色彩能够带给人不同的冷暖感觉，如在有彩色中，橙色、红色和黄色属于暖色调；青色、蓝色和蓝紫色则属于冷色调；绿色与紫色属于中性色。

2. 色彩的远近感

深颜色给人以坚实、凝重之感，有向观赏者靠近的趋势，会使空间显得比实际的小；而浅色调与此相反，在给人以明快、轻盈之感的同时，会让人产生远离的错觉，所以会使空间显得比实际的开阔。

3. 色彩的软硬感和轻重感

色彩的软硬感与色彩深浅、明暗有关。浅色软、深色硬，白色软、

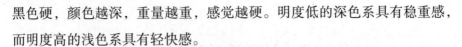

黑色硬，颜色越深，重量越重，感觉越硬。明度低的深色系具有稳重感，而明度高的浅色系具有轻快感。

4. 色彩的明快感与忧郁感

色彩可以影响人的情绪，明亮鲜艳的颜色使人感觉明快，灰暗浑浊的颜色则令人感到忧郁。强对比色调具有明快感，弱对比色调具有忧郁感。

5. 色彩的兴奋感和沉静感

色彩的兴奋感和沉静感与色相、明度、纯度都有关，其中纯度的影响最大。在色相方面，红、橙色令人兴奋，蓝、青色令人沉静。

纯度高的色彩令人兴奋，纯度低的色彩令人沉静；强对比的色调令人兴奋，弱对比的色调令人沉静；色相种类多的显得活泼热闹，少的则令人有寂寞感。

6. 色彩的华丽感和朴素感

色彩的华丽感和朴素感与纯度关系最大，其次与明度有关。鲜艳而明亮的色彩具有华丽感，浑浊而深暗的色彩具有朴素感。彩色系具有华丽感，非彩色系具有朴素感。强对比色调具有华丽感，弱对比色调具有朴素感。

二、形态原理

园林植物的种类非常多，不同种类的植物有着不同的形态特征，将具有不同形态特征的植物进行合理搭配，可以产生与众不同的艺术效果。因此，在进行植物造景时，可以借助植物的形态理论提升造景的美感。

（一）植物的大小

按照植物的高度、外观形态可以将植物分为乔木、灌木、地被三大类，如果按照成龄植物的高矮再加以细分，可以分为大乔木、中乔木、小乔木、高灌木、中灌木、矮灌木、地被等类型。

（二）植物的外形

植物的外形指的是单株植物的外部轮廓。自然生长状态下，植物外形常见的有圆柱形、尖塔形、圆锥形、伞形、球形、半球形、卵圆形、倒卵形、广卵形、匍匐形等，特殊的有垂枝形、拱枝形、棕榈形等。

三、声音原理

植物本身是不能发出声音的，至少人类是不能听到植物的"声音"的，但是设计师通过使用一定的方法将不同植物进行配植，就可以使植物"发声"。

（一）借助外力"发声"

植物可借助外力"发声"，即植物的叶片在风、雨、雪等的作用下发出声音，如响叶杨在风的吹动下叶片会发出清脆的声响，其也正是因此而得名。针叶树种最易发音，当风吹过树林，便会产生阵阵"涛声"，有时如万马奔腾，有时似潺潺流水，所以会有"松涛""万壑松风"等景点题名。还有一些叶片较大的植物也会产生音响效果，如拙政园的留听阁，因诗人李商隐《宿骆氏亭寄怀崔雍崔衮》诗"秋阴不散霜飞晚，留得枯荷听雨声"而得名，其利用雨打荷叶产生音响效果。又如，拙政园听雨轩可听雨打芭蕉声。

（二）林中动物"代言"

另一种声音源自林中的动物，正所谓"蝉噪林愈静，鸟鸣山更幽"。植物为动物提供了生活的空间，而这些动物又成为植物的"代言人"。要想取得这种效果就不能只研究植物的生态习性，还应了解植物与动物的关系，合理配植植物，为动物营造一个适宜生存的空间。

总之，在植物景观设计过程中，不能仅考虑一个观赏因子，而应在全面掌握植物的观赏特性的基础上，根据景观的需要合理配植植物，创造优美的植物景观。

第二节　植物造景的美学法则

一、主配景法则

一部戏剧，必须区分主角与配角，才能形成完整清晰的剧情，植物景观也是一样，只有明确主从关系才能够达到统一的效果。按照在景观中的作用，植物可被分为主调植物、配调植物和基调植物，它们在植物景观中的地位依次降低，但数量却依次增加。也就说，基调植物数量最多，同配调植物一道，围绕着主调植物展开。在植物配置时，首先确定一、两种植物作为基调植物，使之广泛分布于整个园景中。同时，还应根据分区情况，选择各分区的主调树种，以形成各分区的景观主体。

二、时空法则

园林植物景观是一种时空的艺术，这一点已被越来越多的人认同。时空法则要求将造景要素根据人的心理感觉、视觉认知特点和景观的功能进行适当的配置，使景观产生自然流畅的时间和空间转换。

植物是具有生命力的构成要素，随着时间的变化，植物的形态、色彩、质感等会发生改变，从而引起园林风景的季相变化。在设计植物景观时，通常采用分区或分段配置植物的方法，在同一区段中突出表现某一季节的植物景观，如春季山花烂漫、夏季荷花映日、秋季硕果满园、冬季蜡梅飘香等。为了避免出现一季过后景色单调或无景可赏的尴尬局面，在每一季相景观中，还应考虑配置其他季节的观赏植物，或增加常绿植物，做到四季有景。例如，杭州花港观鱼公园春天有海棠、碧桃、樱花、梅花、杜鹃、牡丹、芍药等，夏日有广玉兰、紫薇、荷花等，秋季有桂花、槭树等，寒冬有蜡梅、山茶、南天竺等，各种花木共达200

余种，数量为 10 000 余株，通过合理的植物配置做到了四季有花，终年有景。

另外，中国古典园林还讲究步移景异，即随着空间的变化，景观也随之改变，这种空间的转化与时间的变迁是紧密联系的。

三、数的法则

数的法则源自西方，西方人认为凡是符合数的关系的物体就是美的，如三原形（正方形、等边三角形、圆形）受到一定数值关系的制约，因而具有了美感，因此这三种图形成为设计中的基本图形。在植物景观设计过程中，如植物模纹、植物造型等，也可以适当地运用一些数学关系，以满足人们的审美需求。

（一）数比关系

在 2 000 多年前，古希腊数学家毕达哥拉斯（Pythagoras）首先提出了黄金分割（golden section，图 3-1），成了世界公认的最佳数比关系，此后，以黄金分割比为基础又衍生出了许多"黄金图形"。图 3-2 中的黄金率矩形和黄金涡线，矩形长、短边符合黄金分割比，可以被无穷地划分为一个正方形和一个更小的黄金率矩形，而把所得正方形的有关顶点，用对应正方形内切圆弧连接，就得到黄金涡线，涡线在无限消失点的地方形成矩形的涡眼点。黄金率矩形和黄金涡线因达到了动态的均衡而充满韵律感，而且如果以黄金率矩形的两个涡眼（按照相同的方法可做出图 3-2 左边的涡眼）作为人眼平视凝停点，能得到最佳的视觉效果。

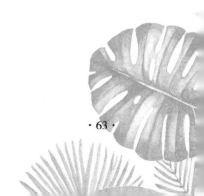

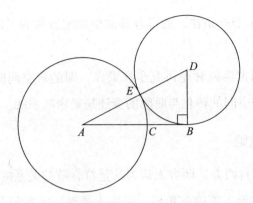

$AB=2BD$，$BD=DE$，$AE=AC$，
$AB：AC=AC：CB=1：0.618$

图 3-1　黄金分割比

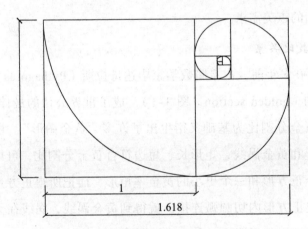

1

1.618

图 3-2　黄金率矩形和黄金涡线

　　五角星也符合黄金比，如图 3-3 所示，图中阴影部分是一个符合黄金比的等腰三角形，被称为黄金三角形。如图 3-4 所示，由黄金比派生出的根号矩形在设计中也常常被使用，利用对角线可以构成一系列矩形。

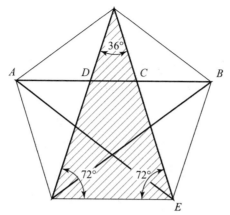

$AB：AC=AC：CB=1：0.618$

$AC：AD=AD：CD=1：0.618$

$AB：BE=1：0.618$

图 3-3 五角星和黄金三角形

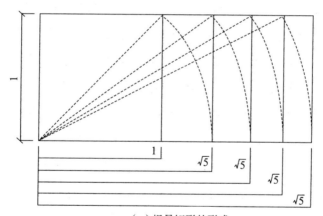

（a）根号矩形的形成

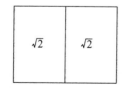

（b）矩形可以再划分为 2 个相同的 $\sqrt{2}$ 矩形

（c）矩形可以再划分为 5 个相同的 $\sqrt{5}$ 矩形

图 3-4 根号矩形

（二）尺度

1.景观尺度

如果以人为参照，尺度被分为三种类型：自然的尺度（人的尺度）、超人的尺度、亲切的尺度。在不同的环境中选用的尺度是不同的，一方面要考虑功能的需求，另一方面应注意观赏效果，无论是一棵树，还是一片森林都应与其所处的环境协调。比如，中国古代私家园林属于小尺度空间，所以园中搭配的都是小型的、低矮的植物，显得亲切温馨；而美国白宫及华盛顿纪念碑周边属于超大尺度的空间，配置大面积草坪和高大乔木，显得宏伟庄重。尽管两者的植物景观尺度有所不同，但都与其所处的环境尺度相吻合，所以打造的景观自然和谐。

与其他园林要素相比，植物的尺度似乎更加复杂，因为植物的尺度会随着时间的推移而发生改变。可能一开始的时候达到了理想的效果，但是随着时间的推移，其会打破原有的和谐，如有些古典园林空间尺度小，山、水、桥梁、建筑等都是小尺度的，在高大的古木对比下，已经失去了"一峰则太华千寻，一勺则江湖万里"的意境了。所以，设计师应该动态地看待植物及其景观，在设计初期就应该预测到由于植物生长而出现的尺度变化，并采取一些措施来保证景观一直具有良好的观赏效果。现代园林中不乏这样的经典佳作，如杭州花港观鱼公园的雪松草坪在建成20多年后仍然保持着极佳的观赏效果。

2.心理尺度

人际交往的距离可以分为四种，即亲昵距离、个人距离、社会距离、公众距离，如表3-1所示。

表 3-1　人际交往的尺度

名　称	尺度（m）	适用人群或者环境
亲昵距离	0～0.45	爱人，非常亲密的朋友
个人距离	0.45～0.75	熟人
	0.75～1.2	朋友
社会距离	1.2～2.1	一般工作环境和社交聚会
	2.1～3.75	正式场合（外交会晤、面试等）
公众距离	3.75～8.0	讲演者和听众

3. 景观空间尺度

根据人的视觉、听觉、嗅觉等生理因素，结合人际交往距离，可以得到景观空间场所的三个基本尺度，称为景观空间尺度。

（1）20～25 m：20～25 m 的空间，人们感觉比较亲切，是创造景观空间感的尺度。

（2）110 m：超过 110 m 后人们产生广阔的感觉，是形成景观场所感的尺度。

（3）390 m：人无法看清楚 390 m 以外的物体，这个尺度显得深远、宏伟，是形成景观领域感的尺度。

（三）比例

适宜的空间尺度还取决于空间的高宽比，即空间的立面高度（H）与平面宽度（D）的比值，H/D 为 2～3 时，形成夹景效果，空间的通过感较强；H/D 为 1 时，形成框景效果，空间通过感平缓；H/D 为 1：5～1：3 时，空间开阔，围合感较弱。

另外，要想获得良好的视觉效果，场地中的景物（如孤植树、树丛、主体建筑、雕塑等）与场地之间也应该选用适宜的比例，景物高度与场地宽度的比例最好是 1：6～1：3。

第四章　园林植物造景设计

第一节　园林植物的空间营造

一、园林植物空间的内涵

园林植物通常是指可以用来绿化、美化环境的树木和花卉的总和，它是可以在公园、风景名胜区、休闲娱乐胜地和各种市政园林里栽植应用的植物。花卉有广、狭两种意义，狭义的花卉是指有观赏价值的草本植物，广义的花卉是指具有观赏价值的草本植物、地被植物、花灌木、开花乔木、各类盆景等。园林植物是园林空间营造中重要的构成元素，与园林中的地形、水体以及建筑等要素一起构成优美的景观。随着生态环境保护意识的不断加强，人们在当前的植物园林空间营造和实践中，越来越关注和重视园林植物空间的创新，因此植物景观的精心设计便成为空间表达的主要手段，成为人们生活空间规划设计中的重要内容。

园林植物空间是植物围合成的空间，它的形式多种多样，尺度有大有小，效果也多种多样，或活泼或安静，或优美或开阔。可以说这是一门艺术，更是一门严谨的科学。利用植物营造的空间是一个三维立体的空间，若是要分析的话，顶平面、地平面、垂直面都能展现它独特的魅力。人们通过五感感知空间，用看、听、闻、嗅、触来完成对空间的体验。不同空间的构成元素也是迥异的。例如，滨水景观的景观要素主要是植物（水生植物）、各种水体，它是软质景观。山川景观则是硬质景观，它的景观要素除了植物以外，还有建筑、构筑小品等硬质铺装。

二、园林植物空间的特点

园林植物营造的空间的特点主要是以下几点。

（1）园林景观设计材料构建了植物空间，这些设计材料相对而言是带有生命特征的有机体。园林植物空间营造与建筑空间设计最大的差异就在于园林景观设计的过程中采用的不同的材料都是有机的，本身具有不确定性，能够不停地产生变化。园林植物必须和土壤、阳光、水分和气候环境相适应才可以生存，因此其形态特征也会因为周围环境的随时变化而变化。但是，建筑空间主要是由无机材料形成的，一旦构建完成，其形态就会固定下来，除非受到不可抗因素的影响，否则不会发生变化。

（2）各种类型的有机空间构成了多样且复杂的空间形式。植物空间由自然生长的乔木、灌木、地被植物等共同组成，其形式、姿态由植物的生长状态决定，这为园林植物空间带来了变化。而建筑物一般由有固定形态的墙、地面、屋顶组合而成，它们的形态一般是固定不变的，给人以稳定感。这两种通过多种形式组合起来，最后创造出各种特色各异的景观。

（3）园林植物构成的空间的形式会发生变化。园林植物空间形式变化基本表现为景观植物自身的改变，具体表现从发芽、长叶到开花、结果的变化，而这个过程基本可以反映在园林景观设计的景观植物群落变化和园林景观设计的生态因素调整的过程中。

三、园林植物造景中的空间构成

园林植物空间的构成要素主要包括形态要素和植物要素两大部分，下面对这两大要素进行详细介绍。

（一）园林植物空间的形态要素

对于园林植物空间营造来说，其形态要素分别是基面、垂直面、覆盖面（顶面），正是这几种要素的组合和变化才形成了多样的园林植物空间。

1.基面

园林植物空间营造的景观效果由垂直面决定，但是在空间营造过程中，植物空间的组合、搭配需要根据基面来确定，基面是唯一能够显现空间中各个植物元素的连续平面，由基面可以看出各个元素在空间中的联系及它们所营造的空间视线通透性和环境通透性。园林植物空间营造中可用作基面的植物材料主要有低矮的草坪、花卉及地被植物。

2. 垂直面

垂直面必须由具有一定高度的植物构成，它是整个景观空间中最先被人们注意到的部分。它形成的是一个确定的、具有强烈围合感的空间。直立在最外围的树木更多地以垂直面来分离、隔断、关闭空间。树木枝叶的闭合程度影响空间感受度。在不同的种植形式中，树木的集群密度和高度会直接影响园林植物空间的围合感。比如，阔叶林或针叶林的密度越大，体积越大，其产生的围合感越强。同时，随着季节的变化，园林植物空间的围合感也会发生变化，即植物空间在夏天基本处于封闭状态，而在冬天更多处于开放状态。对于一般的落叶植物而言，其主要靠分枝来展示自己的空间范围。

3. 覆盖面

在园林植物空间营造实践中，天空是园林植物顶面构图的大背景，是基本面。单独的树木的树冠占据了一定的空间，也就覆盖了一定面积的空间。单独的树木和攀缘植物相结合，或者树木栽植成林，就能很大程度上实现植物空间的覆盖。而在实际的植物空间设计里，体量相差不多的乔灌木，其树冠连接成片，覆盖了大面积的空间。植物空间覆盖面实际上基本上是以植物的分枝点高度为主形成，一般情况是要大于 2 m 的，这样做的根本目的是更好地阻碍人们看向天空的视线。夏季园林中的植物一般情况下枝叶比较繁茂，这时一般会给人一种强烈的封闭感，冬季园林里大部分乔灌木落叶，其覆盖面由枝干组成，视线自然就会变得比较通透，封闭感在这时也是最弱的。

（二）园林植物空间的植物要素

1. 植物的整体形态

植物的整体形态主要是指园林植物的干、枝及整体的生长方向，树木姿态的整体外观表象。园林植物的基本形态主要有圆球形、垂枝形、椭圆形，另外还有圆柱形、锥形及水平展开形等，根据这些不同形态就能营造不同的园林意境。

2. 色彩

色彩在视觉领域中最具有表现力和感染力，植物的色彩在园林植物空间营造的过程中具有非常大的影响力，甚至在一定程度上起到决定作用。园林植物区别于建筑的是它是个有机体，这一特质使植物营造空间既协调统一又复杂多变。园林植物丰富的色彩影响着人们，使人们产生独特的视觉体验，调动着人们的情绪。人们可以通过园林植物色彩的合理搭配，来取得更好的植物园林空间的设计效果。植物的色彩美一般情况下可以吸引注意力，如红色的植物影响观景情绪，使人产生热烈奔放的情绪；而颜色较深的植物色彩则比较适合用于具有宁静氛围的空间。

3. 植物的季相

植物的季节性的主要景观表现就是春花、夏荫、秋叶和冬枝冬果。季节变化会引起园林植物空间营造效果的极大变化，最显著的变化就是当周围的植物落叶时，植物空间的围合程度发生较大的改变。这样的空间序列的一致性和完整性为园林植物的空间营造设计了一种时间序列上的美感，形成了园林植物空间动态空间的四维空间的效果。

4. 植物文化内涵解析

植物包含不同的精神含义，古代人们就比较喜欢给予植物相应的精神品质，久而久之植物本身也就有了承载的文化内涵。比如，有"四君子"之称的梅兰竹菊代表的是高尚的节操。同时，许多古代诗歌里寓意的人或精神都是写成了植物的化身，因此要学会思考，在园林植物空间中感受到意境美，然后获得情感升华，达到天人合一的状态，最终更好体会到园林植物空间存在的意义。

四、城市园林景观空间——以天津市为例

纵观园林设计史，各个城市的园林植物景观空间都展现出截然不同的特色，深入分析就能发现有很多因素在影响着设计者，如地域、自然环境、人文环境、社会倾向、政治因素、经济因素等。组成城市景观的主体是植物，植物本身的质感、色彩、姿态、尺度及其季相性动态变化等，都能给观者留下深刻的印象。例如，天津市在营造景观时，偏重选择乡土树种，构造空间时坚持"四季都有景可赏"的原则，使景观空间和观赏者的情感空间相互交融，给人留下了深刻的印象。

（一）曲线变化——流线型空间

流线型空间体现的是动态的流线变化，具有强烈的韵律感，这种空间乍看是单一的线性空间，若是细看便能察觉出其虽具有线性特征，但是线性从静止向流动转变所带来的就是变化，从而影响景观效果。同时，这种线性空间的导向性非常强，它使景观节点相互串联，实现了景观效果的统一。流动线本身的变化创造了流动景观空间，也展现出了其本身的线性魅力。对于景观设计师而言，流线型空间的特性能够使其在展现自己的创造主题时，更加容易将景观和周边环境相融合。例如，天津市滨海新区的世纪广场在景观营造中就大胆运用了流线的手法。广场上的广阔的草坪被数条铺装道路分割开来，这些道路曲线蜿蜒，却不尽相同，所分割的草坪也变成了数条波浪般的绿带，这两种材质截然不同的带状空间相互毗邻，相互映衬，形成了一种非常强烈的动态视觉景观，给游人留下了深刻的印象。

（二）曲线变化——波浪线型空间

如果是与流线型空间相比，波浪线型空间变化的规律性更强，因此

在实际景观应用中，波浪线型空间比较注重线型变化规律，让其更加有序。波浪线型空间内的组成元素，不管是植物材料、硬质材料，还是两种材料的相互结合，都会形成一定的韵律。例如，天津滨海新区世纪大道的园林街景，金叶女贞和刺柏被修剪成绿篱，呈现为波浪线型，强调动态变化，把有序的线性变化内容组织了起来。

（三）曲线变化——时代性空间

对于时代性空间的设计而言，其自身具有的时尚的空间环境，一般会带给游人一种新的体验，游人在观赏游览的时候，在欣赏绿色景观的同时，还能切身感受到当今社会发展所带来的巨大变化，这些变化都被用巧妙的技巧和手段融入空间设计。当然，其中的处理手法和设计理念自然也都具备时尚性和超时代性。例如，天津的银河广场，高低变化，富有层次感，突出中心圆形建筑物。整个建筑物外凸内凹，是一个巨大的半圆曲面，为钢筋架构、玻璃面，规模宏大，展现了超高的建筑手段，让观者震撼。

（四）曲线变化——艺术性空间

艺术性空间的艺术性往往跟植物景观所塑造的意境相关，也就是与植物景观的内涵相关。设计师在设计时所注重的是这个带有艺术性的空间能够提供给游人何样的和何种程度的感染力。因此，通常艺术空间的营造先要有一个主题，这个主题可根据周边环境、设计师的思想、当地的特色来确定。游人置身艺术性空间能被设计师赋予空间的艺术情感所感染。例如，天津中心文化广场内有一个局部空间，设计师想让人们感受到音乐文化，因此设置音乐家像雕塑，并让其成为整个空间的景观主体，配合曲面的背景墙，使人们仿佛置身音乐圣殿，其下栽植的绿篱花卉围合于四周，艺术气息极为浓厚。

五、人性化园林植物空间的营造

要设计一个人性化的园林植物景观空间，要利用行为科学、环境心理学的理论，根据人的感官知觉、行为习惯、心理情况、生理结构和思维方式等，分析什么样的植物景观设计能够满足人们的心理和活动需求，在满足基本功能的基础上，设计出更为优化的景观，满足人的心理、生理和精神需求。

（一）人的感官知觉

人通过眼睛、鼻子、耳朵、手和皮肤等来感知空间，即主要是通过视觉、嗅觉、听觉和触觉等来感知。

1. 视觉

人类主要通过视觉来感知世界，获取大部分信息。人体知觉中感受最直接也是感受范围最远的是视觉。人的眼睛在光线的作用下，能够视觉感知环境中物体的形状、大小、明暗、颜色、质感等。垂直视角26° ～ 30°，水平视角约为45°时，能获得不错的观赏效果；合适的视距是景物高度的3倍。因此，在设计时要根据观赏者所处的距离和行为方式，进行合理布局。

当观赏者与观赏的植物景观的空间距离为0 ～ 2 m时，可直接观察植物个体的景观效果及花朵、果实等细部特征。当这个空间距离为2 ～ 10 m时，观赏者能分辨出植物的花、果、叶。这时的植物景观欣赏以欣赏单个或几个植物为主，可观赏植物的花朵的细部特征，如翠雀（*Delphinium grandiflorum*）、金鱼草（*Antirrhinum majus*）、葡萄风信子（*Muscari botryoides*）；可观赏可爱果实白棠子树（*Callicarpa dichotoma*）、海州常山（*Clerodendrum trichotomum*）；可观赏叶子形状。当空间距离为10 ～ 60 m时，观赏者能观察植物的形状、植物配置疏密度和局部景观效果。当空间距离大于60 m时，观赏者能看到群落的整体效果。这时的植物景观欣赏以群体美为主，以群落式布置植物配置。植物群落设计时，要考虑到植物色彩和植物形状的搭配。植物群落中色彩多以绿色为主，形成背景色，背景色中的绿色也有深绿色和浅绿色之分，其他颜色为辅，形成点缀或成为被强调的颜色，从而形成活泼有机的整体。同时，整体颜色不宜过多过杂，以免显得杂乱无章。组成植物群落的植物，宜选择一些识别特征明显、形体特殊的植物，形成具有美感和视觉冲击力的林冠线等，如圆锥形的圆柏（*Juniperus chinensis*）、水杉（*Metasequoia glyptostroboides*）等。

2. 嗅觉

嗅觉能够给人留下更加深刻的印象，能够唤起人类内心深处的记忆。通常人们看到花卉，做的第一件事情就是去闻闻味道。很多的园林植物都有芳香性，有的是花朵有着浓郁花香，如玉兰（*Yulania denudata*）、紫丁香（*Syringa oblata*）、香水月季（*Rosa odorata*）等；有的是营养器官能释放芳香挥发物，如薄荷（*Mentha canadensis*）、薰衣草（*Lavandula angustifolia*）、迷迭香（*Rosmarinus officinalis*）等唇形科植物。

在植物空间营造上，要注意根据空间性质和植物的花香性质来进行布置。在一些公共性强的空间中，应该选择一些人们接受度高的花香品种，并根据植物材料的芳香浓度营造空间，比如芳香浓度高的植物，如暴马丁香（*Syringa reticulata*）等，可安排在开敞空间、上风向，方便花香扩散，降低浓度；而花香浓度低的植物则可结合地形，使香气富集，提高浓度。

3. 听觉

目前城市中的噪声太多，像机动车的行驶声音、施工工地上的机器轰鸣声、熙熙攘攘的喧闹声，已经形成了"噪声污染"，严重影响人们的生活质量，而景观环境中的声音，像植物枝叶在风中沙沙作响的声音、树林中小鸟清脆悦耳的声音、流水潺潺的声音等，则可以给人们带来听觉上的感受。

在植物空间营造上，在公共大空间中植物栽种的量要大，宜组团式种植，不但能明显减少城市中的噪声，还能获得良好的听觉效果；在安静的小空间中，可孤植或少量种植，从而营造出一种宁和静谧的效果。植物材料可选择银白杨（*Populus alba*）、油松（*Pinus tabuliformis*）等。

4. 触觉

触觉是人的身体与景观空间中的物体接触产生的感受，包括手接触到不同质感的植物材料产生的感受，如触感坚硬的紫松果菊（*Echinacea purpurea*）；脚接触到不同铺装质感的园路产生的感受，如平整的石砖路或略有凹凸的鹅卵石路；皮肤接触到气流的吹拂如"春面不寒杨柳风"等。

植物材料除了应该无毒无刺，保证观赏者触摸时的安全外，还要有着明显的触觉特征，便于通过触摸识别。例如，花朵有明显触觉特征，如牡丹（*Paeonia×suffruticosa*）、菊花（*Chrysanthemum morifolium*）等；叶子有明显触觉特征，如银杏（*Ginkgo biloba*）、鹅掌楸（*Liriodendron chinense*）等；枝干有明显触觉特征，如紫薇（*Lagerstroemia indica*）、龙爪槐（*Styphnolobium japonicum'Pendula'*）等；果实有明显触觉特征如，石榴（*Punica granatum*）、枇杷（*Eriobotrya japonica*）等。在植物配置时，要考虑到被欣赏植物与观赏者的互动性，栽种位置和高度要易于被人们触摸感知。

（二）人的心理和行为分析

1. 人的心理分析

人类有个独特的特点，就是始终有与周围的人交流的愿望和意图，交往需求是人的心理和社会需求。当景观空间给人带来一种亲切舒适的心理感受时，人们交往的意愿会更强。具体到园林植物景观空间的人性化设计中，就是要对场所空间尺度和植物尺度进行把握，根据不同的功

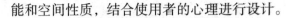

能和空间性质，结合使用者的心理进行设计。

2. 人的行为分析

人性化设计离不开对人们在园林环境中的行为的分析。对人的行为进行分析是为了使空间更好地为人们服务，做到以人为本。人们在空间中的行为是景观环境与人相互作用的结果，人的行为会受到景观环境的影响，同时又能反过来影响景观环境。不同年龄段的人的活动时间和活动特点不同，老年人的活动时间主要为早上，以散步为主；青年人多喜欢在下午或晚上活动；少年儿童的活动特点是活泼好动、活动量大。人在景观空间中的行为根据发生频率可以分为必然性行为、高频行为和偶然性行为等。

必然性行为是指在所有景观空间中都会出现的行为，包括交通穿越、休憩与驻留三类。交通穿越是园林景观中的常见行为，行为具有取捷径的特点，植物景观要引导行进方向。休憩是人们在园林景观中的主要行为之一，表现为在座椅上交谈、观望与休息等，要求有宜人的空间尺度，要求植物景观具有多层次性和良好的观赏角度。驻留是人们因等待或者被某种事物所吸引等而停留，要求空间开敞、视野良好，要求植物景观不遮挡视线，但又能遮阴。

高频行为是在园林景观中发生频率较高的行为，包括健身与休闲两大类。随着人们健康意识的提高，健身成了园林空间中的主要活动类型之一，活动包括跳操、广场舞、跑步等项目；休闲娱乐活动包括唱歌、遛狗、遛鸟等活动。这些行为的发生地点比较分散，整体而言，应设计满足活动需求的活动空间，搭配兼具遮阴功能和观赏功能的植物景观。其中，步行是人们最基本的行进方式，也是认知和感知城市景观的最佳方式。根据行进速度，又可分为快速通过、慢步欣赏和伴随着行走发生的坐憩停留。快速行走的人们常有明确的行为目的，对植物景观关注度不高，景观设计上应以满足通行顺畅、遮阴隔音等需求。慢步欣赏的人们往往会欣赏美景等，较关注植物景观，景观设计上应创造出精美的小尺度植物景观，并注重多样空间与蜿蜒园路的结合，给人以丰富的空间体验，使步行道变得有趣。不论是快速通过还是慢步欣赏，在植物景观设计时应当从满足人的行为需求着手，体现以人为本。

（三）人性化景观空间特点

一般受人欢迎、对人具有吸引力的人性化植物景观空间具有如下特点。

1. 舒适

植物景观空间的舒适性涵盖了多个方面，包括舒服的光线、良好的小气候、优美的植物景观、尺度适宜的设施和空间等。光线和气候对人的影响很大，如空间中光线过于暗淡，会使观赏者看不清楚，心情低落；而光线过于明亮，又会使人心情烦躁。气候适宜时园林中的游客明显增多。那些小气候良好的空间，如夏季遮阴性、通风性好的林下空间和冬季阳光充沛而又挡风的场所很受欢迎。尺度适宜的空间，配合具有良好观赏角度的优美植物景观，能够带给人舒适感和亲切感，结合功能性好的设施或小品，可以形成具有吸引力的空间。

2. 满足功能需求

人性化景观满足功能需求。例如，根据功能来设计快速到达的路线和合理的游览路线；基于游人特征设计合理的步行距离和路线，合理安排休憩空间，方便休息，同时避免草坪被践踏。

3. 安全

安全主要指心理感受上的，人性化植物景观空间营造时要考虑游人的心理需求。给人安全感的空间特点是朝向和视野较佳，和外面环境有一定距离，但又保持视觉上的联系，能在一定程度上隐蔽自己，给人一种心理上的保护。同时，空间的布置要主次有序、重点突出，有连续性，有一定秩序，通过轴线的引领和暗示等来明确空间方向，与周边环境区别开来；创造易识别的空间，易识别可以帮助人们在道路行进中遇到阻拦或迷路的时候原路返回。

每个人都有一定的空间领域，根据接触的对象的不同，所需的空间尺度不一样。人在公共空间中的活动类型根据年龄、目的的差异而不同，总体而言有两种类型，即公共交往和私人独处，前者需要开阔热闹的空间，后者需要不被人打扰的安静空间。可以用不同高度的植物来围合成不同空间，如使用树丛、绿篱、花架等。

第二节 园林植物的季相景观营造

一、植物季相设计

植物季相设计是指根据园林植物的季相特点，对各种植物进行配置，以形成独具特色的季相植物景观。植物季相设计需运用多门学科的基础理论知识，如物候学、生态学、景观学、色彩学等。

二、园林植物季相组成

（一）园林植物季相色彩

大自然中的植物千变万化，在园林植物景观中，植物色彩是营造特色景观时应考虑的首要因素，生活在快节奏都市中的人们无疑渴望色彩斑斓、多姿多彩的景观，而植物通过不同的花色、叶色、果色、枝色，在不同季节形成不同的色彩缤纷的景观。色彩能带给人不同的感受：冷色常常给人以宁静的感受，暖色则给人以温暖的感受。运用不同的色彩搭配会形成不同的园林风格：西方的园林色彩通常浓重艳丽，形成热烈奔放的风格；东方园林色彩则朴素合宜，风格淡雅，含蓄隽永。植物色彩所带来的这种特殊的心理联想，几乎已经成了色彩的专有表达方式，逐渐建立了色彩的各自象征。

　　绿色是大自然植物的基色，给人以生机勃勃、春意盎然的感受，同时象征着和平、安定、清新、充满活力、希望。大自然赋予了植物丰富多样的绿色，如浅绿、嫩绿、鲜绿、浓绿、柠檬绿、黄绿、褐绿、蓝绿、墨绿、灰绿等。不同的绿色进行合理的搭配亦能产生美感，如在荫蔽地区合理搭配柠檬绿和黄绿色，可使幽暗的空间显得更加明亮，削弱幽暗空间带给人们的压迫感。

　　红色象征着热情、奔放、喜悦、活力、激情，给人以艳丽、成熟、青春和富有生命力的感觉。红色的花卉与绿色植物搭配会让人眼前一亮，因为红色容易吸引人们的注意力，易对游人心理产生比较强烈的刺激，因此在植物配置时最好将其安排在植物景观的前景位置，以突出植物色彩，激起观赏者兴趣。

　　黄色亮丽夺目、雍容华贵，给人以光明、辉煌、柔和、纯净、活泼和轻快的感受。黄色同样是非常醒目的颜色，在园林中有独特的作用，如在使人感到神秘和害怕的幽深浓密风景林空地或林缘配置一株或一丛秋色或春色为黄色的乔木或灌木，诸如黄刺玫、棣棠、银杏、桦木、无患子等，即可使林中顿时显得明亮起来，拉近观赏者与植物的距离。

　　白色象征着纯粹和纯洁、和平与神圣，可以唤起人们对简单生活的渴望。少量使用白色系植物，可以起到提升局部景观效果的作用；而大面积使用白色系植物，将带给人强烈的冲击感。

　　蓝色是天空与海洋的颜色，给人以安静深邃的感觉。蓝色是典型的冷色和沉静色，在园林中，蓝色系植物宜用于安静的区域。与其他色彩相比，蓝色更加需要与其他色调进行搭配，以形成醒目的植物景观。

　　（二）园林植物季相形态

　　植物从形态上来看主要分为伞形、椭圆形、尖塔形、圆球形、柱形

等，但随着季节的变化，植物会呈现不同形态。

植物的季相形态变化主要来自落叶树种，落叶树种在一年四季表现出不同的形态：春天，植物刚刚萌芽，叶片稀疏，枝干形态比较明显；夏秋季茂密的叶子覆盖全冠，植物体呈现饱满的树形，给人以圆润之感；冬天，叶子飘落，露出枝干，给人以苍劲之感。

（三）园林植物季相意境

意境是景观所表现出来的情调和境界，是人们对景观欣赏美感的升华。园林植物造景要创造丰富多样的意境，其意境随时间的不同而演替变化，根据园林植物的自身生长规律形成"春花、夏叶、秋实、冬枝"的季相景观。

植物的季相景观意境包含了三个方面：一是对植物营造的季相景观感性的认识，是景观物质层面和非物质层面的信息传递给人以后，人直接感知到的东西；二是通过直接感知所得到的情趣、气氛，这其中有情感、有理解，也有趣味；三是由前两者所激发的艺术联想和想象，即象外之"象"。

三、园林植物季相营造的基本依据

（一）植物学

植物学是一门研究植物形态解剖、生长发育、生理生态、系统进化、分类以及与人类的关系的综合性科学，对于园林植物季相景观营造来说，植物学是基础理论，只有对园林植物有足够的了解，才能游刃有余地根据不同植物的各个特性，开发、利用和保护各种季相景观植物，让植物为人类提供更多优美的景观。与植物季相景观营造相关的主要植物学理论，如植物的生长发育过程，即一种植物什么时候发芽、什么时候开花、什么时候结果、什么时候落叶等，无疑会对植物季相景观的设计产生影响，只有充分了解了每种植物的生长发育规律，合理搭配植物，才能形成具有特色的园林植物季相景观。

（二）生态学

生态学是研究生物体与其周围环境（包括非生物环境和生物环境）相互关系的科学。园林植物的生态学则是研究园林植物与其周边环境，包括其他植物、土壤、建筑等的相互作用关系的，它包含了园林植物与人类生态系统、城市生态系统的相互关系。

受环境的影响，植物会形成自己特有的生态型，如乔木、灌木、地被植物是植物长期与环境相互作用的结果，植物季相景观的营造离不开乔、灌、草的合理搭配，三者的合理搭配可以形成植被覆盖率高、绿量大、四季季相优美的植物景观。

建群种和季节的变化是影响一个植物群落季相的主要因素。不同的植物种类组成的植物群落具有不同的外貌特征，因建群种在植物群落中占优势，建群种的外貌特征对整个植物群落的外貌起决定作用。同一季节、同一地区的不同植物群落的外貌特征不尽相同，就是由于各自的建群种不同。植物群落内各种植物的季相在色彩上的变化是最能影响群落外貌的，而建群种的物候变化又是最能影响群落的季相变化的。植物群落季相变化最明显的是草木植物群落，落叶阔叶树次之。

（三）园林美学

园林美学是园艺、建筑、美术、文学和生态等各方面交叉的**边缘学科**，是在特定的有限的整体生态环境里，按照客观的美的规律和人对自然足够明知的审美观念创造出来的艺术美，用鲜明、突出、生动的正面形象，有力地揭示了人对自然既征服又保持和谐一致的本质。中国的园林艺术历史悠久，有着丰富而又独特的特点，有中华民族特有的美学思想。中国的古典园林不但形式优美，而且富有神韵，有特殊的意境，造园手法灵活自由，融合各种艺术于一体，形式和内容完美结合，高度协

调统一，具有独特的风格，是园林美学的重要体现。

在园林植物季相景观营造中，植物的树形、色彩、线条、质地及比例都会对植物群落的外观产生影响。在进行设计时，应追求各种因素之间的相似性，使植物配置具有统一感，实现整个群落中各种植物的协调，给人一种舒适、平静、柔和、愉悦的美感。

在进行不同体量、不同质地、不同线条的植物配置时，应遵循均衡的原则，形成和谐、稳定、韵律明显的植物季相景观，如对两种不同花色的树种进行搭配时，可采用相间种植的排列方式，以形成富有变化而和谐的景观。

季相景观的营造也要根据植物的生长特性来进行。植物是园林设计中具有生命力的构成要素，会随着时间的变化，产生形态、色彩、质感等方面的变化，从而引起整个园林植物季相景观的变化。

（四）物候学

物候学是研究自然界植物和动物的季节性现象同环境的周期性变化之间的相互关系的科学，它主要通过观测和记录一年中植物的生长荣枯、动物的迁徙繁殖和环境的变化等，比较其时空分布的差异，探索动植物发育和活动过程的周期性规律及其与周围环境条件的关系，进而了解气候的变化规律及其对动植物的影响。

各种生物物候现象的出现日期虽然每年随气候条件变化而变化，但在同一气候区内，如果不受局部小气候的影响，其先后顺序每年基本保持不变。但在不同的气候区域内，由于生物品种和气候条件的组合发生变化，物候现象的顺序就会改变，园林植物的季相景观设计也会受到植物物候的影响，表现出不同的外貌。

四、影响园林植物景观季相设计的因素

（一）气候因素对植物季相景观的影响

气候包括了年度、季节和日间温度的变化，随经度、纬度、海拔、日照强度等因素变化而变化，对植物季相有重要的影响作用。"春暖花开"就体现了气候对季相的影响。植物季相随气候的变化而变化。不同的季节有不同的季相是自然界的规律，因此想要春景的植物在其他季节展现出季相特征，在自然条件下是不可能的。

同一季节、不同地区的气候也有差异，有的地方春季来得早，花也开得早；有的地方秋季昼夜温差大，秋色叶特别漂亮，这也是北方的秋景比南方要绚丽得多的原因。

因此，在进行季相设计的时候，要掌握当地的气候规律，选用适应当地气候的植物，才能营造出富有特色的植物季相景观。

（二）物候变化对植物季相景观的影响

物候学是研究自然界植物与动物的季节性现象同环境的周期性变化之间的相互关系的一门科学。植物物候的变化与植物季相景观的形成紧密相关。植物物候现象是自然界的生物与非生物受外界环境因素综合影响而表现出来的季节性现象，并指示着景观生态环境季节节律性变化，一定地域内植物景观资源时序变化的特点在很大程度上取决于当地的季节状况。

植物的叶容、花貌、色彩、姿态等形态和色彩上的变化，都是植物的物候变化，植物"春花含笑""夏荫浓郁""秋叶硕果""冬枝傲雪"的四季景观变化，极大地丰富了园林景观。但是物候变化可以丰富植物景观，也会不利于植物景观的形成。物候变化对植物景观的形成有正负效应。

1. 物候变化对季相景观形成的正效应

植物的外貌随物候变化，在每个生长期呈现各种各样的形态和外观，具有一定的观赏价值。吐绿、发芽、开花和结果形成次生林显著的景观变化，从暗绿到嫩绿，从单纯的绿色到多种颜色组合，再到多样的果期，景观变化产生动态变化的效果。在稀树草原上各个时期都有不同的植物开花，红色、白色、紫色花点缀草坪，并维持着植物景观的一致性，因此在景观上并不随物候的变化而产生太大的差异。

2. 物候变化对季相景观形成的负效应

物候变化并不总是有利于好的季相景观的形成的。南方的树种大多是常绿的，植被整体景观变化不明显，以至有些单调。如加入一些开花、落叶树种，解决原有因季相变化不明显而令人觉得单调的问题，可以达到丰富公园植物景观的目的。

（三）立地条件对植物季相景观的影响

立地条件对植物季相景观也会有一定的影响，这里立地条件主要包括地形地貌、土壤状况等。

土壤的酸碱度会影响植物的色彩，如绣球花，在偏酸性的土壤里花呈蓝色，在偏碱性的土壤里花呈红色。土壤的透水度会影响植物的存活率，有些植物耐水湿，有些在水湿环境里就生长不好。

地形条件也会对季相景观的整体效果产生影响，山地地形的场地适合种植大面积的单一树种，给人以视觉上的冲击，如三峡大面积种植乌柏、黄栌等树，秋天树叶变为红色，带来强烈的视觉冲击。对于地势较为平坦的地区，植物季相景观的营造则要趋于精致，以造园为主，人们欣赏的就是个体或是小群落的季相景观了。设计师应当善于从地块的诸多地形特征中找出主要特征，即对设计项目影响最大的特征，从而能够因地制宜地布置植物景观。

五、园林植物季相景观的作用

植物是园林设计的四大要素之一，而园林植物种类繁多，形态各异，有高大的乔木，也有低矮的灌木，有直立的，也有攀缘、匍匐的，树形多种多样，植物的花、果实、叶片也千姿百态，合理的植物配置可以形成丰富、优美的植物季相景观。园林植物季相景观主要有以下两个方面的作用。

（一）表现时空变化

每种植物都有自己的生物学特性，会随着季节的变换表现出不同的外貌特征，从而形成了春季繁花似锦、夏季绿树成荫、秋季硕果累累、冬季枝干遒劲的植物季相景观。这种盛衰荣枯的植物季相景观，为我们创造了四时演变的植物时序景观。合理利用植物的生物学特性，形成四季景观不同的稳定植物群落，可使人们感受到一点点不同的时空变化，感受时令变化带来的美感。

（二）形成地域特色

由于气候的影响，园林植物的分布通常体现一定的地域性，不同的环境形成不同的植物景观，如在海南，由于受热带气候的影响，植物种类丰富，植物生长茂盛，常形成热带雨林景观。当地的植物群落往往能很好地体现当地的特色，并与当地的文化相结合，如日本的樱花、荷兰的郁金香等植物与其文化相互结合，充分体现了国家的特色。

六、城市园林植物景观季相设计的方法

（一）以点、线、面的空间划分进行季相设计

现代景观设计无论是观念、创作方法还是思维方式都发生了变化，这里从设计思维方式和使用功能的角度，以传统的点、线、面的空间划分方式将公园植物景观设计划分为区域植物景观季相设计、界面植物景

观季相设计、路线植物景观季相设计、节点植物景观季相设计、特色植物景观季相设计五个层面。

1. 区域植物景观季相设计

设计城市公园的植物季相景观，首先必须站在城市的角度去审视公园，去分析公园与城市的关系、公园与周边区域的关系。城市公园位于城市重要的位置，准确把握场地的内外特征，充分协调场地周边绿地，才能使公园融入城市中去。

目前，城市公园已经成为居民日常生产与生活环境的有机组成部分，随着城市的更新改造和进一步拓展，孤立、有边界的公园正在溶解，而城市内部的基质，以简洁、生态和开放的绿地形态渗透在城市之中，与城市的自然景观基质相融合。

对单一的具体的某个公园而言，进行公园植物景观季相设计，首先要进行的依然是公园内某一区域植物景观季相设计。在这个阶段，一般不需要考虑使用何种植物、各种单株植物的具体分布和配置，而是根据功能要求，确定不同区域植物种类、色彩等。例如，在公园中可以有选择性地将种植带内某一区域标上高落叶灌木，某一区域标上矮针叶灌木，在另一区域标上观赏乔木。此外，在这一阶段，也应分析植物色彩和质地间的关系。不过，此时不需要费力去安排单株植物的位置或确定植物的种类。在分析一个区域的高度关系时，还应做出立面组合图。其目的是用概括的方法分析不同区域植物的相对高度，这种立面组合图能使设计师看出植物的实际高度，并考虑到它们的关系，有利于设计师了解季相变化不同的植物进行组合时的前后、映衬关系，这样设计才会令人满意。

2. 界面植物景观季相设计

界面是指公园与城市的交界地带，设计师设计时既要考虑从城市的角度观赏公园的效果，又要考虑从公园的角度去欣赏城市的效果。当今

"溶解公园"的理念已成为公园景观设计的热点，对公园界面设计又提出了新的要求。

公园界面常常根据具体场地状况设计，有时在城市交通干道一侧，利用起伏的地形和密植的植被来限制游人通过，或在公园界面进行复式种植，以隔开城市噪声，使公园闹中取静。可以采用群植、林植的配置手法进行设计，以面状群落景观展现植物的季相之美。

3.道路植物景观季相设计

道路植物季相景观包括公园道路和线性水系周边布置的绿地植物景观，以此形成公园的生态绿廊和水系廊道。公园的道路系统应是公园的绿色通道，通过贯穿全园的道路两侧的植物景观形成植物季相景观网络。公园道路一般分为主路、次路、小路。在自然式的道路中，两侧可列植常绿树种与落叶、开花树种，但必须取得均衡效果，突出植物的季相景观，并与路旁景物结合，留出透景线，为"步移景异"创造条件。路口可采用孤植或丛植形式，选用色彩鲜明的树种，起导游作用。

公园中常常利用星带状分布水系形成公园的景观生态廊道，利用水体的优势和独特景观，以彩色叶为主，构成有韵律的、连续性的景观。

4.节点植物景观季相设计

城市公园在统一规划的基础上，根据不同的使用功能要求，将公园分为若干景观节点，节点与廊道的互通，使节点成为廊道的重点，也成为公园形象表达的重点，分别有出入口节点、活动场节点、文化娱乐节点、安静休息节点、儿童活动节点等中心景观，各个节点应与植物合理搭配，节点植物季相景观要设计得精致并富有特色，这样才能创造出优美的公园环境。

（1）出入口节点。公园入口是城市空间向公园空间转换的首序空间。设计时应与城市街景相协调。公园前常布置集散广场，形成一个开阔的序幕空间。在大门前的停车场四周可用常绿的乔、灌木绿化，以便夏季遮阴及隔开周围环境中的噪声；在大门内部通过将色彩艳丽的花坛、彩色灌木相搭配，创造具有视觉冲击力和识别性的景观。

（2）活动广场节点。广场是公园环境中最具有公共性和艺术魅力的开放空间。公园广场多为休闲游憩广场，形式活泼，造型丰富。常用开花植物与常绿乔、灌木相互搭配，以开花植物的季相景观，形成活泼亲切的氛围，利用常绿树种起到良好的遮阴效果，为游人们提供一个良好的游憩场所。

（3）文化娱乐节点。文化娱乐节点是公园设计的重点，常结合公园主题进行布置，如赏荷、荡舟、观鱼、赏月等水上活动，开阔的水域水波荡漾，沿岸或杨柳依依，微风拂面；或桃花灼灼，分外妖娆；或层林尽染，如火如荼。

在地形平坦开阔的地方，植物以色彩丰富的花坛、花境为主，适当点缀几株常绿大乔木，以自然式种植形式，为游人创造休憩的环境。用低矮灌木和常绿植物等丛植或群植，组成不同层次、形态各异并具有观赏性的植物景观。在建筑物遮挡的背阴处及水边，配置观色花卉，形成花团锦簇、异彩竞秀的植物景观，取得格局自然、生机勃勃的景观效果。

公园缓坡地带植物季相景观设计可以草坪为基调，采用紫薇、海棠等开花小乔木形成富有变化的季相景观，并以银杏等观赏树作为点缀，增加立体感及植物层次，形成简洁、开阔、活泼、明快的景观节点。

（4）安静休息节点。安静休息节点是专供人们休息、散步、欣赏自然风景的地方。在植物配置上根据地形高低起伏和天际线的变化，采用自然式配置方式来配置树木，创造出一片宁静祥和之美。

（5）儿童活动节点。这里是供儿童游玩、运动、休息、开展课余活动、学习知识、开阔眼界的场所。在植物选择上可选用叶、花、果形状奇特、色彩鲜艳的植物，以引起儿童的兴趣。

5. 特色植物景观季相设计

利用植物的特性营造特色植物景观也是公园设计的重要内容。不同的植物材料具有不同的季相特色。例如，棕榈科营造的是具有热带风情的景观；梅影疏斜表现的是冬日里的清雅。也可用植物的芳香性，来创造具有特色的季相景观，如夏季的植物景观可采用月季形成香味，秋季的景观可采用桂花形成香味。

（二）建立乔灌草相结合的复合层次

在以观赏栽培为主要目的园林中，植物的层次安排非常重要。常见的结构模式有单一草坪（地被）、单一灌木（灌木满栽）、草＋灌木、草（地被）＋乔木（疏林草地）、单一乔木、灌木＋乔木、草（地被）＋灌木＋乔木7种结构模式。为了比较不同结构模式的景观效果，分别从物种多样性、生活型结构多样性、观赏特性多样性、景观时序多样性、景观空间多样性、与硬质景观的和谐性、与生境的和谐性、与整体环境的协调性等8个方面进行量化对比，结果如表4-1所示。

表 4-1　植物结构模式景观效果分析

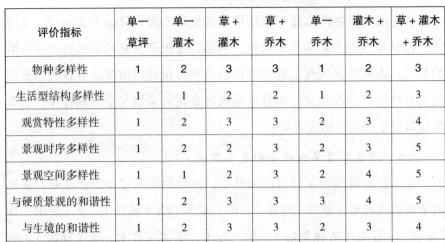

评价指标	单一草坪	单一灌木	草+灌木	草+乔木	单一乔木	灌木+乔木	草+灌木+乔木
物种多样性	1	2	3	3	1	2	3
生活型结构多样性	1	1	2	2	1	2	3
观赏特性多样性	1	2	3	3	2	3	4
景观时序多样性	1	2	2	3	2	3	5
景观空间多样性	1	1	2	3	2	4	5
与硬质景观的和谐性	1	2	3	3	3	4	5
与生境的和谐性	1	2	3	3	2	3	4
与整体环境的协调性	2	2	3	3	2	3	4
小计	9	14	21	23	15	24	33

注：表中 1 为较少，2 为少，3 为多，4 为较多，5 为丰富；草坪也可为单一地被。

　　从表中数据可以看出，乔灌草立体结构模式的景观效果是最好的，然后依次是灌木+乔木、草+乔木、草+灌木、单一乔木等其他模式，景观效果排在最后的是草坪。乔灌草的复合结构，通常第一层为大乔木，第二层是小乔木，第三层是比较耐荫的落叶或常绿的花灌木，第四层是耐荫的地被植物。有了这几个垂直层次，地面不同空间的光照和地下不同深度层次的土壤水分和养分都能得到最有效的利用，使绿化覆盖率大为增加，达到"黄土不见天"的理想效果。

（三）多样化的植物品种搭配

1. 注重常绿树种与落叶树种相互搭配

　　常绿树种季相变化不是很丰富，因此需要和其他树种合理搭配起来，以丰富景观。由于常绿，与其混交的树种应以落叶树种为主，既要有乔木类，也要有灌木类；既要有花木类，也要有果木类；既要考虑到时令上的衔接，又要注意到色彩上的协调等。这样，才能达到众星捧月的理想效果，使整个园景随着季节的变化而呈现出绚丽多彩的动人景观。

现在许多的城市建设者一味地强调四季常绿，其实这是不符合生态规律的。落叶也是自然生态，也是真实的景观。例如在重庆，夏季炎热，的确需要茂密的树叶为人们遮阴，但到了冬季，天气阴冷，人们需要温暖的阳光。如果仍是常绿树种，阳光会被遮挡，人们也就无法感受到温暖；如果是落叶树种，阳光就能透过枝干照耀大地，满足了人们在林下休憩的需要。在园林应用中常见的常绿树种有香樟、小叶榕、天竺桂、乐昌含笑、广玉兰、雪松、女贞冬青、柏树等；落叶树有樱花、白玉兰、紫玉兰、碧桃等春花植物，银杏、红枫、枫香等秋色叶植物。

2. 选择叶子色彩不同的植物相互搭配

在植物配置设计里，季相景观由植物的花、叶、果等诸多元素构成的，但是由于大多数植物的花期比较短，且开花植物对环境的要求较高（如在建筑的北面或比较茂密的林下空间不宜种开花植物），所以叶子是季相景观的重要构成元素。只有首先要保证植物叶子的搭配和谐、四季可赏，才能保证整个植物配置设计达到较高水准。

在植物景观设计里，叶子的色彩不是单一的。进行季相景观设计，不能只局限于通过"等待"那些秋色叶、春色叶植物的变色，构成不同的季相景观，而要进行人为的创造。植物根据叶色可分为绿叶植物和彩色叶植物。绿色植物叶子颜色因明度、饱和度不同而有差异，彩色叶植物叶子的颜色有紫红色、黄色和橙色等不同的颜色，有些植物还具有彩色斑驳夹杂的叶子。

（1）绿色叶植物之间的组合。在自然界里，绿色占据主要位置。深绿色最为多见，也是夏天最常见的色彩，在园林中起着统一整个背景颜色的作用，深绿色可以与浅绿色进行搭配，产生别样的季相景观效果。例如，在公园绿地里，浅绿色的柳树、草坪与深绿色的香樟和暗绿色的松柏等组合，富有层次，富有变化。

（2）彩色叶植物与绿色植物的组合。这样的组合则更容易形成别样的季相景观。在一片深绿色的植物的映衬下彩色叶植物会变得非常引人注目，如松柏类植物与叶子为黄色或橙色的植物组合，如日本扁柏与金叶连翘等组合，黄色不仅能"照亮"整个园林，还能营造出了像秋季景观的季相景观。

（3）彩色叶植物之间的相互组合。彩色叶植物之间的组合，则能带来姹紫嫣红的季相景观。在灌木色带的设计中就常运用这一方法，如紫红色叶子的红花继木就常与黄绿色叶子的金叶女贞共同种植。这些彩色叶植物的叶子鲜艳夺目，经合理搭配后可形成独特的景观。

（四）合理的植物群落规划

1.采取分区或分段配置

在进行植物规划设计时，可以采用分区或分段的配置方法，以突出某一季节的植物景观，形成季相特色。例如，春季以观花为主，夏季以遮阴纳凉为主，秋季以观叶为主，冬季以观干为主，基本做到在重点或主要景区，四季有景可赏，同时又有所侧重。例如，在进行公园植物景观规划时，可以春景、夏景、秋景、冬景四时景色为主题划分区域，在凸显主题的同时也要避免景观的单一性，要考虑配置适合其他季节观赏的植物，以避免一季过后无景可赏。重庆九龙坡"花花视界"植物主题公园植物景观规划时就是采用分区分段的配置方法，以四时景观之旅为特色，展现四季景色。

2.植被景观建设以观赏林为主

在植物景观营建上，以观花、观叶、观果、观干、诱鸟林为主，这几种观赏林的建设受游客年龄、性别、受教育程度的影响，不同的人喜好不同，对景观有着不同的需求，因此需要在公园内建设不同的景观来满足人们的需求。可在道路、人工湖、草坪等开阔地段种植形态各异的观花、观叶树种，产生丰富季相变化，同时注重乔灌草的搭配，形成层次丰富的景观。而较为陡峭的区域则以造林为主，依地形而建，形成多层次的绿化带，建成公园的背景植物景观。同时，借助斑块、廊道的景观格局，使不同时间、不同地段构成的景观镶嵌在公园的每个角落。各种植物景观相互衬托，近景和远景相互搭配，在整体上使景观和谐统一。

七、植物景观季相设计的树种类型建议

植物是季相设计的主体，是大自然的表情符号，因此了解植物的生物学特征，有利于配置出具有季相特征的植物景观。不同的植物具有不同的景观特色，其干、叶、花、果的形状、大小、色泽和香味各不相同。一年中，春夏秋冬四季的气候变化使植物产生了花开花落、叶展、叶落等形态和色彩的变化，而且这种变化是周期性的变化。欧阳修在《谢判官幽谷种花》中曾说："浅深红日宜相间，先后仍须次第栽。我欲四时携酒去，莫教一日不花开。"这种红白相间、次第花开的配植方式是值得提倡的。

南北地区因地理环境、气候不同，植物种类不同，植物季相特点也不同，本书仅对我国西南地区每一季的观赏植物进行概述。

（一）适合春季观赏的植物

春季，万物复苏，呈现出一派欣欣向荣的景象。适合春季观赏的植物主要为观花、观叶植物。

1. 春季观花植物

花是春天观赏的重点。唐代诗人杜甫在《江畔独步寻花·其五》中曰："桃花一簇开无主，可爱深红爱浅红。"杜甫在《春夜喜雨》中曰："晓看红湿处，花重锦官城。"白居易在《钱塘湖春行》中曰："乱花渐欲迷人眼，浅草才能没马蹄。"可见，花是春季观赏的重点。

常见观赏型春花植物，本书按乔木、灌木、草分类做了归纳。

（1）乔木：樱花（*Prunus serrulata*）、海棠（*Malus spectabilis*）、碧桃（*Prunus persica 'Duplex'*）、玉兰（*Yulania denudata*）、紫玉兰（*Yulania liliiflora*）、红叶李（*Prunus cerasifera 'Atropurpurea'*）、含笑（*Michelia figo*）、洋槐（*Robinia pseudoacacia*）等。

（2）灌木：迎春（*Jasminum nudiflorum*）、杜鹃（*Rhododendron simsii*）、紫荆（*Cercis chinensis*）、山茶（*Camellia japonica*）、棣棠（*Kerria japonica*）、连翘（*Forsythia*）。

（3）草本：石竹（*Dianthus chinensis*）、鸢尾（*Iris tectorum*）、郁金香（*Tulipa gesneriana*）、风信子（*Hyacinthus orientalis*）、金盏菊（*Calendula officinalis*）、牡丹（*Paeonia × suffruticosa*）等。

2. 春季观叶植物

春季是植物长新叶的时节，春季新发的嫩叶有不同叶色的植物统称为"春色叶植物"。新叶初展时，红黄嫩绿的新叶长在枝头，亦如开花一般。而利用春色叶植物造景在我国传统园林中也屡见不鲜。唐代诗人贺知章的《咏柳》曰："碧玉妆成一树高，万条垂下绿丝绦。不知细叶谁裁出，二月春风似剪刀。"同样，本书也对常见的春色叶植物按乔木、灌木、草本进行了归纳。

（1）乔木：桂花（*Osmanthus fragrans*）、红枫（*Acer palmatum 'Atropurpureum'*）、垂柳（*Salix babylonica*）、臭椿（*Ailanthus altissima*）、香樟（*Camphora officinarum*）等。

（2）灌木：金叶女贞（*Ligustrum × vicaryi*）、红花继木（*Loropetalum chinense var. rubrum*）、红叶石楠（*Photinia × fraseri*）、南天竹（*Nandina domestica*）等。

（3）草本：虎耳草（*Saxifraga stolonifera*）、一品红（*Euphorbia pulcherrima*）、彩叶草（*Coleus hybridus*）等。

（二）适合夏季观赏的植物

夏季最明显的季相特征就是林草丰茂，郁郁葱葱。"接天莲叶无穷碧，映日荷花别样红""绿树阴浓夏日长，楼台倒影入池塘。水晶帘动微风起，满架蔷薇一院香"都表达了人们对夏日美景的喜爱之情。

本书根据适合夏季观赏的植物的特点，将其分为观花、观叶两类进行阐述。

1. 夏季观花的植物

夏季也有很多观花的植物，其开花季节主要是夏季，有些植物的花期能延长到初秋，这些植物称为夏花植物。

（1）乔木：合欢（*Albizia julibrissin*）、凤凰木（*Delonix regia*）、广玉兰（*Magnolia grandiflora*）、复羽叶栾树（*Koelreuteria bipinnata*）等。

（2）灌木：紫薇（*Lagerstroemia indica*）、石榴（*Punica granatum*）、栀子（*Gardenia jasminoides*）、木槿（*Hibiscus syriacus*）、金丝桃（*Hypericum monogynum*）、珍珠梅（*Sorbaria sorbifolia*）等。

（3）草本：荷花（*Nelumbo nucifera*）、菖蒲（*Acorus calamus*）、水仙花（*Narcissus*）等。

2. 夏季观叶的植物

夏季叶色主要呈绿色，但因植物品种不同，有嫩绿、浅绿、黄绿、灰绿、深绿、墨绿等不同的绿色。

（1）乔木：香樟（*Camphora officinarum*）、天竺桂（*Cinnamomum japonicum*）、重阳木（*Bischofia polycarpa*）、小叶榕（*Ficus concinna*）等。

（2）灌木：海桐（*Pittosporum tobira*）、鸭脚木（*Heptapleurum heptaphyllum*）、日本珊瑚树（*Viburnum awabuki*）、十大功劳（*Mahonia fortunei*）、龟甲冬青（*crenata var. convexa*）、枸骨（*Ilex cornuta*）等。

（3）草本：花叶冷水花（*Pilea cardierei*）、八角金盘（*Fatsia*

japonica）、玉簪（*Hosta plantaginea*）等。

（三）适合秋季观赏的植物

秋季在园林中是季相变化较明显的季节。进入秋季后，绝大部分落叶植物叶色都会产生丰富的变化，形成绚丽的景色，结果的植物也会在秋季结出颜色丰富的果实，因此适合在秋季观赏的植物主要为观叶、观果两类。

1. 秋季观叶的植物

秋色叶景观是园林中重要的季相景观之一。无论是城市园林还是风景区，秋色叶都可以极大地丰富景观的季相色彩。"霜叶红于二月花""层林尽染"都是对秋色叶景观的最好写照。通过长期观察，本书将对形成秋色叶景观的植物进行归纳。

乔木：银杏（*Ginkgo biloba*）、枫香树（*Liquidambar formosana*）、乌桕（*Triadica sebifera*）、鸡爪槭（*Acer palmatum*）、白桦（*Betula platyphylla*）、无患子（*Sapindus saponaria*）、水杉（*Metasequoia glyptostroboides*）、鹅掌楸（*Liriodendron chinense*）等。

2. 秋季观果的植物

秋季是丰收的季节，果实也是秋季观赏的重点。苏轼的"一年好景君须记，正是橙黄橘绿时"和陆游的"丹实累累照路隅"均是赞美果实之美的千古佳句。秋季的观果植物更能让人体会到从春花到秋实的自然季相变化之美。

（1）乔木：柑橘（*Citrus reticulata*）、苹果（*Malus pumila*）、山楂（*Crataegus pinnatifida*）、复羽叶栾树（*Koelreuteria bipinnata*）、柿树（*Diospyros kaki*）等。

（2）灌木：南天竹（*Nandina domestica*）、冬青（*Ilex chinensis*）、石楠（*Photinia serratifolia*）、十大功劳（*Mahonia fortunei*）、龙爪槐

（*Styphnolobium japonicum 'Pendula'*）、皂角树（*Gleditsia japonica*）、垂柳（*Salix babylonica*）、白桦（*Betula platyphylla*）等。

（四）适合冬季观赏的植物

冬季虽是万物凋零的时节，但植物仍然展示出了不同的风貌。常绿植物仍傲霜斗雪，如松柏类的植物。落叶植物则以姿态各异的枝干，展示着它们的苍劲、柔和之美。冬季也有开花的植物，但品种比较少，如蜡梅、山茶等，给冬季带来了别样的动人景色。总体而言，冬季植物主要以观干为主。

本书认为冬季观干的植物主要为乔木：龙爪槐（*Styphnolobium japonicum 'Pendula'*）、 皂 角 树（*Gleditsia japonica*）、 垂 柳（*Salix babylonica*）、白桦（*Betula platyphylla*）等。

第三节　园林植物造景的意境分析

一、意境的概念

意境是文艺作品所描绘的生活图景和表现的思想感情融合一致而形成的一种艺术境界，是客观存在反映在人们思维中的一种抽象造型观念。

园林植物造景意境美指的是欣赏者在感知植物自然美的基础上通过情感体验、联想等审美活动获得的美的感受。古人在造园时通过对植物特点的概括和提炼，赋予其精神、情感的内涵，使观赏者在欣赏植物时，触景生情，产生共鸣，获得精神上的愉悦，达到审美的高层次境界。

二、园林植物造景中意境的分类

（一）植物造景的形境之美

"形"是原始性物质，它能够被游赏者发现和接受，并引起人们的审美兴趣，是一种审美知觉，它也是中国古典园林意境产生的前提，人们感知到"形"，将信息传入大脑，再通过人的消息梳理，加上人自身的文化修养与阅历，从而感知到意境美。中国古典园林形式的起源就是对大自然美妙景色的直接模仿，力求自然风景在园林中得到再现。

古典园林形境的精髓是"以小见大"，即在园林中创造出与自然之景相近的景观，让人们在有限的空间中领略无限的境界。植物有高、有低、有大、有小，林冠线有了参差，树林疏密有致、高低错落，林冠线富于变化，画面上的远视天际线也有起伏变化。在有限的园林空间内，可形成"咫尺山林"的意境，如拙政园的"雪香云蔚"，通过在园内的一土丘前叠山理水，配以高低不同、形态各异的乔木和灌木，即得山林之貌，从而表现"咫尺山林"的自然意境。

除了通过群植表现自然山林意境外，一些孤植的古树也可以通过独特的造型和特有的历史带给人们别样的意境美。例如，北海画舫斋的古柯庭，在院西南角有古树老槐，其有"千年古柯"之称，枝叶虽不繁茂，但它枝条遒劲、树皮皴裂，苍劲挺拔，老而弥坚，具有古、奇、怪、俊的特点，使到此的顾客不由联想起千百年来发生在这小院内的事情，感叹其千年的沧桑和历史。又如，网师园的看松读画轩，看松指看轩南太湖石花台内树龄八百年的古松，古松老根盘结，郁郁葱葱，蔚为奇观，营造出浓厚的赏景读书氛围。

（二）植物造景的色境之美

色境是通过色彩激发人们审美兴趣的，其是设计景观时要考虑的一个重要因素。它与植物造景中作用于视觉器官的色彩自然美相对应。心理学认为，色彩是最能调动人们的情绪的因素之一。通过联想可以使游园者触景生情。园林中的植物，大都是以绿色为基调的，植物对于古典园林中的色境营造，主要突出在花色和叶色的观赏性上面，叶色构成了长盛不衰的基本景色，花色作为古典园林中的丰富自然色彩的突出表现形式，更是能够在局部引起综合的统筹作用，花木通过自身色彩的变化来传递信息，营造意境氛围。

例如，苏州拙政园的"枇杷园"和承德离宫中的"金莲映日"景点通过色彩来影响人的感觉。"枇杷园"院内广植枇杷，每到丰收季节，果实累累，院内一片金黄，使游客油然而生喜悦之情。因枇杷果实颜色为金黄色，枇杷园又称为"金果园"。又如，位于离宫如意洲的西部的"金莲映日"为康熙三十六景之一，金莲花在清代即有盛名，盛开时一片金黄，煞是好看。金莲遍植，花开时节与日光辉映，酷似黄金覆地，光彩夺目，色彩瑰丽。康熙皇帝为此作诗："正色山川秀，金莲出五台。塞北无梅竹，炎天映日开。"

中国园林还通过造园元素，如植物配置、叠山、理水、建筑小品的合理布局等来营造色境。例如，山石的冷色与花朵的暖色进行对比，再加上淡青绿色的河流，形成了色彩丰富的景色。岭南园林由于岭南四季如春，呈现出丰富的色彩，构筑物虽然是园林的主体，但园林植物可以模糊自然物与建筑物的界限，使游客立于园林之中，如置身于宁静和谐的大自然之中，充分体现了岭南园林的魅力。

（三）植物造景的香境之美

植物造景的香境之美是指通过植物的自然气味激发联想，从而营造某种意境。植物香气作用于人的嗅觉，虽不像形态、色彩等作用于视觉那样直接、强烈，但同样可以使游客心旷神怡、神清气爽。

香境的营造，可以缓解人的疲劳，使得人的游赏上升至品赏层次，游客游观于暗香浮动、香气萦绕的曲径花间，就像游走于现实与虚幻之间，只觉物我交融，浮想联翩。北宋诗人林逋在《山园小梅·其一》中用"疏影横斜水清浅，暗香浮动月黄昏"夸赞梅花的姿态和香气，展现了一个形境、色境与香境合一的意境。可见，植物的自然气味同样可以烘托气氛、营造意境。

例如，闻木樨香轩遍植桂花，花开时节异香袭人，意境十分幽雅。"闻木樨香"这上下四方无不弥漫的花香，给人带来了嗅觉上的享受，同时笼罩了空间，人们只要稍加注意，便会在花开时节闻到芳香，香随风扬，原来有限的小庭院因花香的弥漫而变大。又如，拙政园的"远香堂"，每当夏季荷花盛开，淡淡的莲花清香随风飘逸，清新淡雅，瞬时可使欣赏者全身放松，忘记所有不快与烦恼，心灵得到净化。

（四）植物造景的影镜之美

影境的产生有两种途径，一是利用自然光线来产生明暗对比，产生光影变化，以此来渲染环境气氛，另一种是通过植物在水中的倒影和岸边的造景元素相配合来渲染气氛。花木影子会随着光线移动而移动，呈现出一种"日出有清阴，月照有清影"的意境。每当微风袭来，树影摇曳，产生变幻的动景，带给人神奇的感觉。日光下的树影、花影、人影斑驳陆离、月色中的花形树影摇曳婆娑，为整个园林营造了独特的影境。

所谓"风中雨中有声，日中月中有景，诗中酒中有情，闲中闷中有伴"，其中的"日中月中有景"便是指物象要素之间的相互作用所形成的影境氛围，写意化的中国古典园林将天象与物象要素结合，在造景方面独具匠心，这不仅是受"天人合一"宇宙观的影响，更是"小中见大""咫尺山林"意境营造的组成部分，在白日与夜色中，力求通过营造影境带给人美的享受，意在将日月光影、山形水貌、花草树木、建筑屋宇囊括在其中。

"影园"是以赏园林景物的影而闻名的，为清初扬州八大名园之一，这里无山，但前后夹水，遥对延绵的蜀冈，四外垂柳拂水，莲花千顷。

其地之胜在于山影、水影、柳影之间，故命名为"影园"。夜色中的"月到风来亭"，月挂苍穹，天上之月与水中之月映入亭内设置的镜中，三月共辉，赏心悦目。水无形无色而流动多变，水面映出的植物之影静止，动静结合，别有一番意境。苏州拙政园中以影来命名的景点有两处，分别是倒影楼和塔影亭。

（五）园林植物的乐境之美

乐境是大自然中的风雨与植物形成的带有韵律、有节奏的声响，营造出独有的意境。乐境可为园林景物增添鲜活的生命力，使游赏者产生共鸣、遐想与生命领悟。这种对生命的领悟，是一种审美主体对审美客体意蕴的心领神会。

以"千点荷声先报雨"闻名的杭州西湖十景之一"曲院风荷"，就是营造乐境的典型例子，其以荷叶在风雨中发出清脆的声音为其景观特色。又如，著名的拙政园听雨轩，房前屋后均配植芭蕉、修竹，更有满池荷花。芭蕉、荷叶均是肥硕的绿叶，雨滴滴在叶上，滴答有声，如同一首首美妙的乐曲，使人联想起"雨打芭蕉室内幽""芭蕉叶上潇潇雨，梦里犹闻碎玉声"等佳句，可谓声、境兼备，深得文雅、幽静之妙。

节奏和韵律本属于音乐艺术的范畴，但园林乐境的营造在依托自然界的各种声响之外，更注重声音的合理搭配，以形成具有音乐节奏美的意境。园林意境是利用植物、建筑、山石和水体等，根据一定的节奏、韵律、色彩和虚实进行营造的。例如，故宫正门大道两旁对称地种植着排列整齐、四季常青的雀舌黄杨，如同一个个卫士，庄严、肃穆。这与中国古代宫廷音乐中多采用钟、磬等乐器，使之产生厚重、威严的声音，象征皇权的神圣、不可侵犯具有同样的意义。

在植物配置平面上，则是通过植物配置的疏密变化来表现音乐中的韵律美。如果说疏植是一首曲子的舒缓前奏，那么密植则是曲子的副歌高潮部分。例如，拙政园中部景区的植物配置，在平面上东部和北部较为密集，而在西部和南部则较分散，以形成对比，使整个园林的植物配置无序之中见有序，疏密得当。人们行走在这样的环境中，步移景异，心情和情绪也随着植物配置的变化而变化。

在植物配置的立面表现上，则是通过植物的高低层次变化来形成具有音乐节奏美的意境。以拙政园为例，低矮的灌木和地被植物犹如乐曲中的低音和休止符，高耸的乔木犹如乐曲中的高音符。高低不同的植物配置形成了层次丰富的植物景观，形成了具有音乐韵律感的意境。

由此可见，园林植物可通过平面上的疏植密植和立面上的高低层次变化来形成乐境。

三、"点"空间植物景观意境的创作

（一）"点"空间植物景观意境美的本质

1.地域之美

（1）地域风格。我国的地域广大，不同的地域特征造就了千姿百态的地域景观。植物景观也属于地域景观的范畴，营造不同意境的植物景观也是体现不同地域特性的方式之一。不同的地域，其植物的生长形态有明显的差异，如北方城市多以雄伟挺拔的针叶树创造地域之美，而江南的水乡则以丛丛的竹林、轻盈的垂柳来形成自然朴实的意境。不同的地域有着不同的植物景观风格。在不同地域的植物景观设计中，应大量采用当地的乡土树种，突出当地的植物风格，以体现不同的地域特色。

（2）地域文化。我国是一个有着悠久文化的文明古国，有着深厚的文化传统，不同的地域因其自然环境的地质、地形、气候等因素的不同，在长期的社会发展中形成了不同的文化。地域文化体现了一个地区人们对自然的认识和把握的方式、程度以及审视角度。各个不同区域的人类群体文化有各自不同的特点，利用植物可以营造植物景观意境，也可以向人们展示极富地区特色的文化。

在南通—启东高速公路互通的设计中，就充分利用植物景观意境展示了地域文化。该设计主要呈现三种景观形态，分别为"花园""农业"和"水体"。这三种形态的变化体现了人类活动对自然形态的影响不断深入。采用"花园"的设计表现人造景观的特点。由于内在的主题是水，设计概念主要表现由内陆向海洋的转变。在植物的颜色选择上主要考虑采用深与浅的对比，代表人造的世界。来自地方文化方面的影响主要包括当地的特色景观和南通的盐业。在第二种形式"农业"中，采用更自然的表现手法，表现人类活动对自然的影响。海门的"生态农业园项目"作为景观设计时的参考，在设计中有灌溉渠道、池塘和大面积的植物栽植，蜿蜒的水道会覆盖整个空间。在这个区域，色彩的选择将更注重多样性。最后，在第三种形式"水体"中主要体现向自然过渡后的景观，设计形式将更为自由，设计元素——水被普遍采用。色彩的选择更丰富、多样，象征富饶的海洋。

（3）地域历史。地域历史是指各地域、民族文化在发展过程中保留下来的为群体所达成共识的、代表本地域某一特定阶段主导地位的文化成果。它在各个历史时期成为规范、准则、时尚，并对该地域以后的历史时期产生极其广泛深刻的影响。那么，地域历史也是城市绿地植物造景意境创作的灵感来源之一。在城市"点"空间，通过运用植物造景来烘托历史遗迹的方式，可以达到弘扬历史文化的目的。

例如，"六朝古都"南京有极其深厚的文化底蕴，至今仍保留着许多历史遗迹。利用鼓楼四周缓缓上升的自然地形，在下层栽满麦冬、小叶黄杨等常绿植物，与鼓楼的红色外墙相互映衬，可使历史遗迹显得十分醒目。缓坡中层主要选用了桂花、女贞等冠形优美的植物，而上层则自然式地点种了梧桐、银杏等树种，与鼓楼的气质相协调。在现代日益喧哗的城市中，营造出一片宁静的、让人思绪万千的"点"空间。

（4）地域特色。无论是传统的还是现代的地域，都应该有其鲜明的地方特色。有的地域是以发达的工业闻名，有的地域是以繁华的商业著称，有的地域则以旅游业吸引人群。所有上面提到的地域特色都是地域的魅力所在，它们都可以通过植物景观意境的创造来展示给人们。在城市的出入口等位置，采用成林、成片、成丛的种植手法，形成雄伟壮观的气势，并利用植物多变的造型突出展现地域的特色。

江苏省沭阳县素来有"花木之乡"的美誉，该县城的入城交通岛位于京沪高速公路的延伸段。交通岛的设计理念是展现沭阳的蓬勃发展的花木产业、沭阳人民大步迈向 21 世纪的新姿。入城交通岛的绿地规划采用了规则整齐、中心对称的模纹花坛形式。在树种选择上也注重与周围道路绿地的协调与呼应，中心以几株高大苍翠的雪松形成焦点，周围以色叶树种紫叶李围合，共同组成"花心"；以色彩灿烂的金叶女贞和红叶小檗组成"花瓣"的图案；"花瓣"四周以常绿的龙柏组成如意图案，环绕一周，造型古典而雅致，且蕴含了吉祥如意的美好祈愿。交通岛绿化采用了丰富的植物种类和古典优雅的模纹图案，花卉图案展示了著名花木之乡沭阳的特点，而如意图案则象征吉祥如意，表达了人们对幸福美满的生活的向往。

2. 主题之美

在城市绿地中以植物造景的形式来表现某一当代社会主题，是一个庞大、复杂的综合过程，其需要运用社会行为学、人类文化学、艺术、科技、历史学、心理学、民俗学等众多学科的理论。什么是主题设计？主题设计是指在城市绿地的"点"空间中创造适应人们生活各方面需要的、丰富多元的、具有一定思想内涵的植物空间。通过营造该植物空间，可以引发人们的共鸣和思考。通过植物空间的营造来表达不同思想内涵，营造不同氛围的空间，也是植物造景所追求的意境营造效果之一。

（1）时代主题。第一，世纪情。位于昆明世博园主入口广场的"世纪花钟"，在不同的季节使用不同的花卉的植物配置方法，营造气势非凡的意境。利用低矮的花卉或观叶植物装饰，并与时钟结合，通常用植物材料栽植出时钟 12 小时的底盘，将指针设在花坛的外面。该植物空间充分结合地形，一般在背面用土或框架将花坛上部提高，形成半立体状的时钟花坛。该花钟配置矮牵牛、石竹、孔雀草、珊瑚树，面积 313.9 m²，直径 19.99 m（寓意 1999 年），特别引人注目，别有一番情趣。第二，科技创新。位于嘉定市工业区的科技广场，其广场的形式的设计灵感来源于芯片上的印刷线路，直接表达了"科技创新"的意境主题，在广场呈规则式种植的树阵和草地，体现了工业对自然秩序的追求。外围的水杉种植成跨路的圆形树阵，成为道路中最大的节点；圆形空间由不同树种组成的树阵分隔成多个不同的空间，次路和通航河道也穿插其中，造就多变精致的小环境，体现精密电子科技感。道路以北沿跨路的弧线主要种植鹅掌楸和合欢，街角广场上规则种植木槿，陈泾河以北的广场上种植银杏树阵，秋天气势不凡，陈泾河以南的生态广场上种植常绿树种广玉兰，其外围采用了呈射线状的柳杉树阵形式。由广玉兰、银杏、合欢、柳杉所构成的树阵组合，其外在形式就如同芯片的印刷线路，充分体现了人们对科技的渴望，表达了"科技是第一生产力"的意境内涵。

（2）休闲主题。随着社会经济的发展、人民富裕程度的提高，一种新的生活方式正在形成，休闲正日益成为人们生活的一部分。休闲是一种时间的非生产性消费。休的意思为停止、休息、休养；闲的意思为无事、空闲、安静，休闲的意思为无事，休息。休闲有三个特征：第一，休闲是一种行为方式，有别于工作和活动，它的目的不是直接创造产品、作品、成果等，而是一种比较静态的，调整自己的精神、体力的行为；第二，休闲是一种精神状态，一种保持身心平静和宁静的状态；第三，上述一、二点讲的是休闲中的人，除此之外，还必须有场所、载体，这个场所和载体是大自然给予的以绿为主要特征的场所。休闲成为社会重要的特征之一和社会文化活动的重要组成部分，是时代发展的必然。那么，利用植物来营造具有休闲氛围的城市景观，也就成了植物景观发展的趋势。

（3）爱情主题。自古以来，不论是凄美的爱情故事，还是唯美的爱情故事都久久流传，经久不衰，可见爱情在人们心中的地位是至高无上的。植物素来就和爱情有着不解之缘，如红色的玫瑰寓意火热的爱情、白色的并蒂莲象征夫妻的恩爱之情、紫色的勿忘我代表不变的心等。在现代城市"点"空间，常常用两株相同植物对植的形式来表达"共结连理"的主题。例如，在黄山的许多姿态万千的松树中有两株几乎完全相同的松树，它们直冲云霄，被称为"连理松"。许多过往的游客常常在"连理松"下留下自己对爱人最真诚的祝福，对天长地久、海枯石烂的感情的向往。又如，南京的情侣园、北京的故宫也大量采用榕树、柏树、松树等，通过对植的方式来表达爱情主题，以达到点明意境主题的效果。

（4）音乐主题。音乐以在时间上流动的音响为物质手段，表现人的审美感受，从而形成一定的"音乐形象"。音乐主要表现人的主观感受和审美情感。情感不能是纯粹个人的、偶然的，而是带有社会普遍性的、可引起共鸣的，同时还必须找到恰当的音乐语言，即音响组合变化的表现形式符合规律。音乐语言的主要因素是音量、音色、速度、节奏、和声、旋律等。音乐家在创作冲动的驱使下，运用这些因素，使之按一定规律组合和运动，以形成富有感染力的艺术形象。在某些以突出艺术氛围为目的的城市"点"空间中，可以通过植物按特定规律组合，来表现音乐的特性。

位于安徽南艳湖文化艺术名人园的音乐天堂，在设计时平面采用"耳蜗"的形状来体现音乐以听觉感受为主的特性，中心建筑音乐堂位于中心，整个平面围绕音乐堂，具有一种旋转的动感，"耳蜗"的形式又与音乐"听"的特征相吻合。音乐堂及室外剧场外围是五行景观树，以一层银杏、一层香樟的方式环绕种植，象征五线谱，每到秋季银杏的叶色与香樟的叶色相映衬，别有一番情趣，形成了丰富的景观。知名音乐家的纪念空间散布在树下，以一条自由小路相联系。树、影、阳光、雕塑营造了浪漫的氛围。

3. 情感之美

情感语言是人对景观信息处理后所获得的抽象内容，是表达人对景观和景观构成元素作出的某种心理反应。人对景观信息的接收要经历景观信息处理过程，景观信息处理是人对景观信息的取舍和加工。人对景观信息不会全部接收，而对要接收的信息，无论是具象内容还是抽象内容，都要经过记忆、想象、联想等，并做出相应的心理反应，在城市绿地设计中，把表达这种心理反应的抽象内容定义为情感语言。情感语言是无声的语言，正是这无声的语言沟通了人与景观的情感，正是这无声的语言唤起人对城市的热情。这无声的语言是城市设计不可缺少的设计语言。植物是城市绿地设计的首要元素，可以利用植物的不同特性创造抒发不同情感的植物空间。所以，根据环境氛围的不同要求，营造不同意境是现代城市绿地发展的必然趋势。

（1）热烈欢快。在重要的节日和城市中较为有影响力的地段，如城市的市政广场、大型的公园、繁华的商业步行街等，常常需要植物景观营造出一种热烈欢快的意境。其植物空间要求"去细碎、重整体、忌雕琢、求气势"，以"树成群、花成坪、草成片、林成荫"的艺术手法，获得较好的效果。这种景观一般采用多种低矮的草本植物（如红绿草等一二年生的草花）组成纹样，覆盖地面。一般，覆盖面积较大，可以形成十分开阔、壮美的花卉平面景观，亦有称为"色块"的，"色块"的构成可以是几何图案等规整的图形，也可结合地形设计成富有变化的、弯曲如河流的仿自然形态。常用的植物有三色堇、千日红、郁金香、美女樱、矢车菊、一串红、勿忘我等。在造景的时候采取不同色彩植物间隔搭配的方式，组成花溪或花海的景观。

（2）淡雅宁静。现代都市人每天都生活在喧嚣的环境中，人们早已厌倦了都市里一板一眼的生活，渴望有一个能摆脱这种生活的"世外桃源"，有一个能与朋友交流、能与家人享受天伦之乐、能独自安心看书的地方。利用植物来营造淡雅宁静的城市"点"空间，正好可以满足人们的需求。具有淡雅宁静意境的植物空间大多出现在城市的公共街头绿地、居住小区内部等。绿色可以带给人平静、安宁的感觉，所以选用的植物应以绿色为主色调，其他色彩的植物尽量少用，尤其是红色、黄色、橙色等颜色的植物最好不用。此外，在植物的选择，应多选具有文化内涵的材料，如竹子，竹叶修长、秀丽，平行脉纹，聚簇斜落，显示一种潇洒脱俗的雅趣，而且竹子四季常青，耐寒经霜，将竹子拟人化，常用竹来表现"刚、柔、忠、义、谦、常、贤、德"的美德。

淡雅宁静的空间还可以通过同一植物构成的景观来营造。意大利某图书馆外仅用了黄杨一种植物来营造景观。为与图书馆主体建筑淡雅宁静的总体风格相适应，将黄杨修剪成形式不一的绿篱，形成极富文化内涵的模纹造型。颜色的统一给人以舒心宁静的感受，造型的变化又体现出人工美的奇妙之处。

综上所述，要营造淡雅宁静的植物空间，可以采用极富文化内涵的植物作为主景，也可以选用色彩较为相近的一种或多种植物的组合烘托主体景观。淡雅宁静的植物空间是人们消除疲劳、清除杂念、陶冶情操的地方。

（3）简洁明快。富有节奏感的植物景物通常给人简洁明快的印象。在城市绿地中，相同植物或植物的组合反复出现，通过时间运动而产生的美感；韵律则是节奏的深化，通过有规律但又抑扬起伏的变化，产生律动感，使得景物具有更为深远的情趣和抒情意味。植物的韵律变化按其形式可以分为连续韵律、渐变韵律、起伏韵律、交错韵律等。通过形成富有韵律感的景观，可以让人感觉简洁明快。

（4）轻松悠闲。在现代城市绿地中，常常利用植物景观与水体结合的方式来体现轻松悠闲的意境，为人们提供一个交流不同的生命体验、不同的社会生活经验和不同的价值观念的休闲场所。绿色代表生命，易使人感到愉快，所以城市绿地中涌现出了大批的轻松悠闲的点空间。

植物景观可以与人工水体结合，也可以与自然水体结合。营造轻松悠闲的植物空间，既可以采用自然式植物配置方式，又可以采用规则式植物配置方式。根据不同的立地环境，选择不同的配置方式来营造轻松悠闲的空间。轻松悠闲的城市点空间也是城市绿地植物景观的又一种表现形式。

（5）疏朗开敞。一个植物空间的大小并不完全决定于面积的大小，只要植物配置得合理，小空间也会让人觉得疏朗开敞。一是空间周围的树种比较少，林冠线的起伏不大，林缘线也较少曲折，树林采用自然式栽植方式，有隐、有透，以增加空间的深度，草坪的中心部分没有树丛，整个空间让人感觉十分简洁、完整。要创造有开敞感的植物空间，可借助起伏的地形、成片的纯林和其他的园林题材，并留一定宽度的空间；在树种选择与配置上宜树形高耸、树冠庞大，种类宜单一，林冠线较整齐，但林缘线则宜曲折错落，又隐又透，才能显示出一定的深度，而不宜如一堵"绿墙"般，空间中心也不宜配置层次过多的树丛。这样，就能以"高""阔""深""整"的手法获得开阔而有气势的空间效果。

总之，不同的立意产生不同的意境效果，而每种效果都是通过种种具体植物景观体现出来的。

（二）"点"空间植物景观意境设计的构成手法

1.模仿的手法

自古以来，中国传统的植物造景就大量采用了模仿的手法来营造意境。例如，在古典园林中的"一拳代山""一勺代水""三五成林"等，都是对自然界万事万物的模仿。到了现代社会，人们对自然的渴望越来

越强烈，人们爱好自然、欣赏自然，并有意将自然景物引入人们的生活环境中来。"模仿"的手法也沿袭至今，成为现代城市绿地"点"空间植物意境设计的创作手法之一。"模仿"主要可以分为"仿自然之物""仿自然之形""仿自然之象""仿自然之理""仿自然之神"等五种方式。

（1）仿自然之物。我国是一个文明古国，经过几千年的发展，有许许多多具有吉祥美好寓意的事物在民间广为流传。因此，在现代绿地植物造景中，常常利用不同色彩的花灌木，如金叶女贞、红花继木、小叶黄杨、矮生紫薇、海桐等构成如意、同心结等图案，来表达人们对幸福、快乐、平安的向往。

（2）仿自然之形。在城市中一般很难看到自然的山水，所以在有限的城市空间中，常常用不同的植物造景来模仿不同的自然景物。例如，利用同一种类的乔木、灌木进行丛植或群植来形成"城市森林"，水杉枝叶茂密、高大挺拔，往往通过群植的方式形成绿色屏障来模仿自然界中的山峦；又如，云南世博园的入口处，利用红色的一串红、粉色的美女樱和紫色的勿忘我组成花海大道，其蜿蜒起伏的形状模仿了流淌的海水，渲染了一种热烈欢快的气氛。

（3）仿自然之象。生动、静中有动的自然景象，常常运用植物造景来模仿。杭州花港观鱼的"梅影坡"，利用大片的梅林引"日"之影，而成"地"之景，借梅花的水影、月影、微风来营造"疏影横斜水清浅，暗香浮动月黄昏"的意境。

（4）仿自然之理。自然物的存在与形象，都有一定的规律。山有高低起伏，有主峰、次峰；水有流速、流向；一年有四季的更替，这一切都遵循自然之理。利用植物的花开花落、四时季相的不同来模仿四季的交替规律，也是城市绿地植物造景的手法。

（5）仿自然之神。这是较为深奥的境界，它不仅模仿了自然，还展现了自然的神韵。植物景观寄托了设计者无限的遐想。例如，对植是植物造景中的一种普遍运用的配置手法，但在特定环境氛围的烘托下，它具有的意义就非同一般了。在以爱情为主题的植物造景中，对植的两棵松树仿佛一对亲密无间的爱人，而它们间的情意犹如苍翠的松树，永远不变。

2. 抽象的手法

抽象的手法是对事物特征进行提炼加工，利用植物的景观来表达的手法，它可以用具体的植物景观表达较为深奥、复杂的内涵，以便于人们理解。在城市绿地中，常常将一些植物景观的平面设计成各种各样的"符号"，用来表达不同的主题。由于表达的方式并不直接，有些作品只有在设计师做一些必要的解释之后方能被人们理解。

世界上存在各种各样的物质，每种物质都具有自己独特的形状，而有些典型的形状常常可以代表物质本身，所以可以用植物所构成的景观来表现不同的物质。例如，南通—启东高速公路互通的设计中，南通北互通和悦来互通都采用了抽象的设计手法。在南通北互通的植物景观中，因为此互通与盐城相连，而盐业是盐城的支柱工业，所以大量运用了白色的乔木、灌木形成相独立的立方体结构，以此来象征盐的晶体；在悦来互通的设计中，整个绿地用不同质地、高度的植物分隔成蜿蜒起伏的块状，其鸟瞰的效果犹如迎风摇曳的风筝尾线。这个设计灵感来源于南通传统的风筝制造业，各种形状的空地都被设计成不同的风筝形状，作为此地区景观设计的基本手法。

3. 隐喻的手法

隐喻的设计手法是为了体现自然理想或基地场所的历史与环境，在设计中通过植物空间来创造表达一定情感和主题的植物景观。大多用隐喻手法设计的植物空间在视觉上带有文化或地方特色印迹，具有表述性，易于理解。隐喻的设计手法可以分为以下几类：形象性隐喻、典型性隐喻、联觉性隐喻、模糊性隐喻。

（1）形象性隐喻。根据立地环境的特殊性，通过植物的造型创造出与环境相协调的景观。通常情况下，可以利用植物雕塑或植物小品来体现主题、意境。例如，在以教育为主题的某中学入口绿地的设计中，将黄杨修剪成钥匙形状，用此来隐喻开启智慧之门。学校用此植物造景来勉励学生努力学习，勇攀科学巅峰；又如，在重要的节庆日，用多种色彩艳丽的花灌木所构成的花船、花车等植物小品来装饰，增添了热烈欢快的意境氛围。

（2）典型性隐喻。典型性隐喻的设计手法常常用来体现地方所特有的历史、文化、传统等。典型性是充分反映地方的个性和特色的，所以可以大量采用当地的乡土树种或市树市花来进行造景。典型性的设计手法使植物景观与基地环境有机结合，表现力大大加强，从而得到令人震撼的意境效果。例如，江苏省沭阳县入城交通岛，该绿地的设计构思是突出沭阳蓬勃发展的花木产业，所以入城交通岛的绿地规划采用了规则整齐、中心对称的模纹花坛形式，其中心为几株高大苍翠的雪松，周围以色叶树种紫叶李围合，共同组成"花心"，金叶女贞和红叶小檗组成"花瓣"的图案，并且用常绿的龙柏篱镶边。以"花"的图案来体现花卉产业，让更多的人了解和认识沭阳。

（3）联觉性隐喻。所谓联觉性隐喻，是指人通过对植物景观的观赏，把从某一种感觉到的印象转化为另一种印象的能力，也就是可以将植物景观所表现的视觉感受转化为某一事物或人的联想。联觉性隐喻的植物造景手法在具有一定纪念性意义的植物景观中运用较多。例如，在中山陵的甬道设计中，在甬道两侧规则式列植桧柏、雪松。在这一桧柏、雪松围合成的墓道上，人们缓步行走于其间，渐次受到静谧、凝重的环境气氛感染，油然而生一种敬意。

（4）模糊性隐喻。模糊性即不确定性，不是将要表达的东西直接展现出来，而是需要人们用心去体验植物的情感语言。这种手法绝非含混的植物配置方法，而是设计者根据主观把握的情感对植物景观进行艺术的安排，在情感之美章节中所提到的植物景观都属于模糊性隐喻的植物造景手法。城市广场绿地需要对比强烈的、大面积的植物景观，以渲染热烈欢快的气氛，城市居住区绿地需要比例和谐的、淡雅宁静的植物空间，城市休闲绿地需要造型轻巧、轻松活泼的植物景观。总之，不同的环境需要运用模糊性隐喻手法营造创造不同的植物景观。

4. 象征的手法

象征的手法是利用艺术手段布局植物景观，通过人们的联想来表现更广泛、更复杂的内容。运用象征手法营造的植物景观大多有一定的主题。古代运用象征手法创造植物景观时多结合历史典故、宗教和神话传说，而随着时代的发展，现代运用象征手法创造的植物景观注重以人为本。

（1）以"有限"表"无限"。近年来，"与自然共存"已成为人们的共识，将自然与城市融为一体成为城市发展的目标之一。所以，在用地日益紧张的城市绿地中，设计师们充分考虑植物造景的尺度关系，采用象征的手法，以"有限"表"无限"。例如，在上海延中绿地的湿地区的设计中，将大量的水杉规则列植，水杉背景林高大挺拔、郁郁葱葱，形成一道"天然"的绿色屏障，它宛如蜿蜒起伏的山峦，气势雄伟。虽然，水杉背景林的长度有一定的限制，但该植物景观具有雄伟气势，以"有限"的水杉背景林表现"无限"的自然山峦。

（2）以"静"表"动"。植物景观具有静态美，但是如果巧妙地运用象征的手法来营造植物景观，可以使景观具有韵律感，具有动态美。具有韵律感的植物景观是指单体植物按一定特殊规律组合而成的具有整体性的植物空间。在现代城市绿地中，有些景点为了体现韵律美，常常采用象征的手法。例如，位于安徽南艳湖文化艺术名人园的音乐天堂的室外剧场外围是五行景观树，以一层银杏、一层香樟的方式环绕种植，银杏和香樟呈曲线状排列，构成具有韵律感和动势的"五线谱"。知名

音乐家的纪念空间就像音符一样散落在树下，以一条自由小路相联系。

（3）以"简"表"繁"。以"简"表"繁"是将构成较为简单的植物景观经过重复和叠加，形成一个面积较大、形式较为复杂的植物空间，是以"简"表"繁"的象征手法。利用相似或相近原理，将自然界的复杂事物用极为简单的植物景观的重复来象征。例如，位于美国亚里桑纳州凤凰城商业区，创作的灵感来源于弧状的孔雀羽毛，其采用象征的手法，以草花与草坪组成的孔雀羽毛形状的平面构图，经过重复地运用，形成了孔雀开屏的图案，具有装饰效果。利用植物形成具有象征性的平面构图，是对植物形式美的一种新颖的运用方式，以形成具有装饰效果的构图，形成具有美感的植物空间。

第五章　不同视角下的园林植物
景观配置

第一节　园林植物与建筑的景观配置

园林建筑属于园林中以人工美取胜的硬质景观，是景观功能和实用功能的结合体，建筑物在园林中本身就是一景，但其建成之后在色彩、风格、体量等方面固定不变，缺乏活力。植物体是有生命的活体，有其生长发育规律，能体现大自然的美，是园林景观中的主体。若将园林建筑与植物相搭配，则可弥补其不足，相得益彰。无论是古典园林，还是现代的园林，无论是街头绿地，还是大规模的综合性公园，植物和建筑都需要合理地进行搭配。因此，园林植物和建筑配置的协调统一是取得良好的景观效果的必要前提，是园林景观设计中需考虑的内容。

一、园林建筑与植物配置的相互作用

（一）园林建筑对植物配置的作用

建筑的外环境、天井、屋顶为植物种植提供基址，同时通过建筑的遮、挡、围，能够为各种植物的生长提供适宜的环境条件。园林建筑对植物造景起到框景、夹景的作用，如江南古典私家园林中的各种门、窗、洞，就对植物起到框景、夹景的作用，形成"尺幅窗"和"无心画"，和植物一起组成优美的构图。园林建筑、匾额、题咏、碑刻和植物共同组成园林景观，突出园林的主题。匾额、题咏、碑刻等是园林建筑空间艺术的组成部分，它们和植物共同组成景观，展现园林的主题。

（二）植物配置对园林建筑的作用

1. 植物配置使园林建筑的主题和意境更加突出

在园林绿地中，许多建筑小品都是具备特定文化和精神内涵的功能实体，如装饰性小品中的雕塑物、景墙、铺地，在不同的环境背景下具有特殊的作用和意义。依据建筑的主题、意境、特色进行植物配置，使植物对园林建筑起到突出和强调的作用。例如，园林中某些景点是以植物为命题，而以建筑为标志的。杭州西湖十景之一的"柳浪闻莺"，首先要体现主题思想"柳浪闻莺"，柳树以一定的数量配置于主要位置，构成"柳浪"景观。为了体现"闻莺"的主题，在闻莺馆的四周，多层次栽植乔灌木，如鸡爪槭、南天竹、香樟、山茶、玉兰、垂柳等，使闻莺馆隐蔽于树丛之中，而且建筑色彩比较深暗，增强了被密林遮蔽的感觉。周围还种植着许多香花植物，如瑞香、蜡梅、桂花等，增加了鸟语花香的意趣。拙政园荷风四面亭位于三岔路口，三面环水，一面邻山。在植物配置上大多选用较高大的乔木，如垂柳、榔榆等，其中以垂柳为主，灌木以迎春为主，四周皆荷，每到仲夏季节，荷风拂面，清香四溢，体现"荷风四面"之意。而在古典园林中，漏窗、月洞门和植物配置在一起，相得益彰，其包含的意境就更加丰富了。一般来说，植物配置会通过选择合适的物种和配置方式来烘托建筑小品本身的主旨和精神内涵。

2. 植物配置使园林建筑与周边环境相协调

建筑小品因造型、尺度、色彩等原因与周围绿地环境不相称时，可以用植物来缓解或者消除这种矛盾。园林植物能使建筑生硬的轮廓"软化"，在绿树环绕的自然环境之中，植物的枝条呈自然的曲线形，园林中往往利用它的质感及自然曲线，来衬托由人工硬质材料构成的规则式建筑形体，这种对比更加突出两种材料的质感。一般体型较大、立面庄严、视野开阔的建筑物附近，要选干高枝粗、树冠开展的树种，在结构精巧、体量较小的建筑物四周，栽植叶小枝纤、树冠茂密的树种。另外，园林中还有些功能性的设施小品，如垃圾桶、厕所等，假如设置的位置不合适也会影响到景观效果，可以借助植物配置来解决这些问题，如在园林中的厕所旁边栽植浓密的珊瑚树等植物，使其尽量不吸引游人的视线。

3. 植物配置丰富园林建筑的艺术构图

建筑物的线条一般多平直，而植物枝干多弯曲，植物配置得当，可以使建筑物旁的景色取得一种动态均衡的效果。例如天主教堂前，枝干虬曲的古树配置在圆尖建筑前面，显得既富有变化又和谐统一。园林中一些体量较大的休息亭、长方形的坐凳、景墙等的轮廓线都比较生硬、平直，而植物可以以其优美的姿态、柔和的枝叶、丰富的颜色、多变的季相景观"软化"建筑小品的边界，丰富艺术构图，增添建筑小品的自然美，从而使整体环境显得和谐有序、动静皆宜。特别是建筑小品的角隅，利用植物配置进行"软化"较为有效，宜选择观花类、观叶类、观果类的灌木和地被、草本植物成丛种植，也可营造略微有高低起伏的地形，在高处增添一至几株浓荫乔木，形成相对稳定持久的景观。

4. 使园林建筑环境具有意境和生命力

植物配置充满诗情画意的意境，在景点命题上体现植物与建筑的巧妙结合，在不同的区域栽植不同的植物或以突出地方植物特点为主，形成区域景观，增加园林的丰富性，避免平淡、雷同。例如，无锡惠山寺旁的听松亭，主题是听风掠松林发出的声音，营造出了"万壑风生成夜响，千山月照挂秋阴"的意境；苏州留园中的闻木樨香轩四周遍布桂花树，桂花开花时节，异香扑鼻，意境幽雅；嘉实亭四周遍植枇杷，亭柱上的对联为"春秋多佳日，山水有清音"，充满诗情画意，主人在初夏可以品尝甘美可口、橙黄的鲜果，常绿的枇杷树使嘉实亭即使在隆冬季节依然生意盎然。此外，还有香雪云蔚亭，其以梅造景，是赏梅胜境；狮子林的问梅阁、修竹阁等都是以植物造景，并以其景观特色得名。从上面的实例中不难看出，园林建筑四周花木的配置，在构思立意、意境营造上起着举足轻重的作用。

5. 使园林建筑具有季候感

建筑物是形态固定不变的实体，植物则是富有变化的物质要素，陆游曾有"花气袭人知骤暖"的诗句，这表明各种花木因时令的变化而变化。植物的季相变化使园景在四季呈现不同的景象，如狮子林燕誉堂南庭，剑石挺拔，枝叶柔曼，衬以粉墙，在不同季节有着不同的景象。可见，利用植物的季相变化特点，将植物适当配置于建筑周围，可使固定不变的建筑具有生动活泼、变化多样的季候感。

二、不同风格园林中建筑的植物配置

我国历史悠久，古典园林众多，其非常显著的特点是园林建筑美与自然美完美融合，而这在很大程度上是因为植物的合理配置，体现了自然美和人工美的结合。园林建筑类型多样，建筑旁的植物配置应和建筑的风格协调统一，不同类型、功能的建筑及建筑的不同部位要根据建筑特点及植物的生态习性等选择不同的植物，采取不同的配置方式，以衬托建筑，丰富建筑物构图，使植物和建筑相协调。

（一）中国古典皇家园林的建筑与植物配置

中国古典皇家园林的特点是规模宏大，为了体现帝王至高无上、尊贵无比的地位，园中建筑体量较大、色彩浓重、布局严整、等级分明，一般选择姿态苍劲、意境深远的中国传统树种。通常选择侧柏、桧柏、油松、白皮松等树体高大、四季常青的树种作为主要栽植树种，来象征帝业的兴旺不衰。这些华北的乡土树种耐旱耐寒，生长健壮，叶色浓绿，树姿雄伟，堪与皇家建筑相协调。颐和园、中山公园、天坛、御花园等皇家园林均是如此。植物配置也常为规则式。例如，颐和园内数株盘槐规则地植于小建筑前，仿佛警卫一般，此外，园内配置了白玉兰、海棠、牡丹、桂花等树种，寓意"玉堂富贵"。

（二）私家园林的建筑与植物配置

江南古典私家园林的面积不大，其建筑特点是规模较小、色彩淡雅、精雕细琢，有黑灰的瓦顶、白粉墙、栗色的梁柱栏杆。以苏州园林为例，其在地形及植物配置上力求以小见大，通过园内景观再现大自然景色。植物配置注重主题和意境，多于墙基、角落处种植松、竹、梅等象征性强的植物，体现园主人追求像松一样不屈不挠、像竹子一样高风亮节、像梅一样孤傲不屈。在景点命名上将植物与建筑巧妙结合，如"海棠春坞"的小庭院中，有一丛翠竹、数块湖石，以沿阶草镶边，使一处角隅充满画意；修竹有节，体现了主人宁可食无肉、不可居无竹的气节；而海棠果及垂丝海棠点明海棠春坞的主题，使人们欣赏海棠盛开的景色。

（三）纪念性园林中的建筑与植物配置

纪念性园林中的建筑常具有庄严、肃穆的特点，植物配置多采用松、柏等，象征革命先烈的高风亮节和永垂不朽的精神，也表达了人们对革命先烈的怀念和敬仰。配置方式以规则式为主，乔灌木的栽植多采用对称式，配置在建筑两侧或入口处，建筑的前景可采用有规则外部轮廓的模纹花坛。广州中山纪念堂两侧选用了两棵白兰花，效果很好，且别具风格，既打破了纪念性园林只用松柏的常规，又不失纪念的意味。两棵白兰树形饱满，体态壮硕，冠径约 26 m，在体量上堪与纪念堂的主体建筑相协调。现代园林重视生态园林建设，园林建筑所占的比重愈来愈小，但园林建筑的作用并不小，它常作为某一景区的风景构图焦点。建筑附近常以开阔的草坪及符合建筑主题要求的、观赏价值高的乔灌木作陪衬。例如，风景区中的寺庙建筑附近常对植或列植白皮松、油松、桧柏、青檀、七叶树、银杏、国槐、海棠、玉兰、牡丹、竹子等烘托气氛。

三、建筑局部的植物配置

（一）建筑前的植物配置

在建筑前配置植物时应考虑树形、树高是否和建筑协调。乔灌木配置时应和建筑有一定的距离，和门、窗错开种植，以免影响通风采光，并应考虑游人的集散，不能种得太密，应根据种植设计的意图和想取得

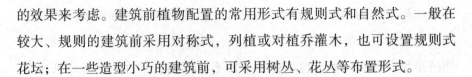

的效果来考虑。建筑前植物配置的常用形式有规则式和自然式。一般在较大、规则的建筑前采用对称式，列植或对植乔灌木，也可设置规则式花坛；在一些造型小巧的建筑前，可采用树丛、花丛等布置形式。

（二）建筑基础的植物配置

建筑基础周围的植物种植应选择耐阴植物并根据植物耐阴性的大小决定距离建筑的远近。耐阴植物有罗汉松、云杉、山茶、栀子花、南天竹、珍珠梅、海桐、珊瑚树、大叶黄杨、蚊母树、迎春、十大功劳、常春藤、玉簪、八仙花、沿阶草等。设计时应考虑建筑的采光问题，不能离得太近，不能过多遮挡建筑的立面，同时还应考虑种植的植物与建筑的距离，以免建筑基础影响植物的正常生长。建筑的基础周围主要种植小乔木和灌木，多采用列植，并且结合地被植物、花卉等造景。整个植物景观下层可采用常绿的地被植物，中层可采用多年生宿根或木本花卉，上层采用小乔木或灌木，形成丰富的四季景观。

（三）建筑门的植物配置

门是游客游览的必经之处，其和墙相连，起到分隔空间的作用。充分利用门的造型，以门为框，通过植物配置，与路、石等结合进行设计，不仅可以入画，还可以软化建筑的硬线条，并且扩大视野，增加景深，延伸空间。门的形式多样，因此其植物应根据建筑门的不同形式来进行配置，与门相协调。常见的园林建筑门的形式有门亭、牌坊、园门和影壁等，但在多数情况下，植物配置较乱，缺少设计，没有起到框景作用，只具供游人出入之功能，甚为可惜。在进行建筑门旁边的植物配置时，可以根据园林中建筑大门的类型，综合利用规则式和自然式的配置形式，形成框景；也可利用植物创造景观门，如花架门、树门等。

（四）建筑窗的植物配置

利用窗作为框景的材料，透过窗框外的植物配置，形成一幅生动图画。但由于窗框的尺寸是固定不变的，植物却不断生长，植物生长后，体量增大，会破坏原来画面，因此要选择生长缓慢、变化不大的植物。例如，芭蕉、南天竹、孝顺竹、苏铁、棕竹、软叶刺葵等种类，旁边可配些尺寸不变的剑石、湖石，增强其稳固感。这样有动有静，构成相对稳定持久的景观。为了突出植物主题，窗框的花格不宜过于花哨，以免喧宾夺主。

（五）建筑墙的植物配置

北方建筑的西墙多用中华常春藤、地锦等攀缘植物，观花、观果小灌木甚至极少数乔木进行垂直绿化，以减少西晒的影响。在园林中常利用墙的南面有良好的小气候的特点，引种栽培不耐寒但观赏价值较高的植物，形成墙园。一般的墙园都是用藤本植物或经过整形修剪及绑扎的观花、观果灌木，常用的种类有紫藤、木香、蔓性月季、五叶地锦、葡萄、凌霄、金银花、盘叶忍冬、绿萝等，同时以各种球根、宿根花卉作为基础栽植。经过美化的墙面，自然气氛倍增。同时，颜色不同的建筑墙在进行植物配置时应合理搭配。例如，苏州园林中的白粉墙仿佛一张画纸，观赏植物用其自然的姿态与色彩作画。常用的植物有红枫、山茶、木香、杜鹃、枸骨、南天竹等，叶、花、果的姿态与色彩跃然"纸"上。欲呈现姿态之美，常选用一丛芭蕉或数枝修竹；为增加景深，可在围墙前作些高低不平的地形，将植物植于其上，形成高低错落的景观效果，使墙面若隐若现，取得远近层次延伸的视觉效果。一些建筑墙面为黑色或较深的色彩，适宜配置一些开白花的植物，如木绣球，使白色花序明快地跳跃出来，起到了扩大空间的视觉效果。本身就具有观赏性的花格墙或虎皮墙，适宜选用草坪和低矮的花灌木以及宿根、球根花卉，不宜采用高大的花灌木，会遮挡墙面，喧宾夺主。

（六）建筑角隅的植物配置

建筑的角隅大多线条生硬，空间小且相对僻静，用植物进行软化很有效果。一般选择观果、观花、观干植物成丛种植，一些古典建筑的角隅宜和假山石搭配，共同组成景观。同时，应尽量营造独立完整的植物景观，可配置花坛花池、竹石小景、树石小景等。但需注意，建筑角隅的采光、通风和土质条件相对比较差，应选择耐阴并且抗性较强的植物，否则不仅很难起到美化作用，还会变成绿化的"死角"。

第二节　水体园林植物的景观配置

一、水生植物的概念、分类与特性

（一）水生植物的概念

凡生长在水中或湿土壤中的植物通称为水生植物（aquatic plant），以大型草本植物为主，包括草本和木本植物。

（二）水生植物分类与特性

根据水生植物的生活方式与形态特征，本书认同的水生植物分类方式是将水生植物划分为挺水、浮叶、浮水（漂浮）、沉水及海生等五大类（图5-1），而每类水生植物都有其各自的特性。

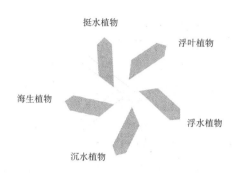

挺水植物

浮叶植物

海生植物

浮水植物

沉水植物

图 5-1　水生植物的分类

1. 挺水植物（emergent plant）

挺水植物的茎直立挺拔，仅下部或基部沉在水中，根扎入泥中生长，上面大部分植株挺出水面；有些种类具有肥厚的根状茎，或在根系中产生发达的通气组织，如荷花。此类植物种类繁多，植株高大，花色艳丽，多布置于水景园的岸边浅水、湿地中（表 5-1），对水环境的适应能力较其他生活型的水生植物强。

表 5-1　园林水景中主要应用的挺水植物种类

序　号	中文名	科属名	分　布	园林应用
1	荷花	睡莲科睡莲属	原产于亚洲热带和大洋洲地区，中国、印度、澳大利亚等国均有分布	品种多，花色丰富，姿形优美；布置于水面观赏效果甚佳
2	黄菖蒲	鸢尾科鸢尾属	欧洲及西亚各国均有分布	观花、观叶，栽于园林水域区；小块栽种，观赏性更强
3	菖蒲	天南星科菖蒲属	我国南北各地均有，广泛分布于世界温带及亚热带地区	其叶如剑，密集生长，有观赏价值；常遍植于浅水处或石际
4	千屈菜	千屈菜科千屈菜属	广泛分布于世界各地	花紫红色，花序长，常盆栽或自然栽植于水中或潮湿土壤中，观赏效果好

续 表

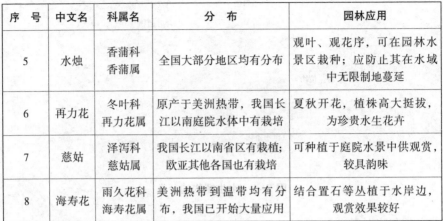

序 号	中文名	科属名	分 布	园林应用
5	水烛	香蒲科 香蒲属	全国大部分地区均有分布	观叶、观花序，可在园林水景区栽种；应防止其在水域中无限制地蔓延
6	再力花	冬叶科 再力花属	原产于美洲热带，我国长江以南庭院水体中有栽培	夏秋开花，植株高大挺拔，为珍贵水生花卉
7	慈姑	泽泻科 慈姑属	我国长江以南省区有栽植；欧亚其他各国也有栽培	可种植于庭院水景中供观赏，较具韵味
8	海寿花	雨久花科 海寿花属	美洲热带到温带均有分布，我国已开始大量应用	结合置石等丛植于水岸边，观赏效果较好

2. 浮叶植物（floating-leaved plant）

浮叶植物的根生长于泥土中，茎细弱不能直立，仅叶片漂浮于水面上，亦被称为根生浮叶植物（rooted floating-leaved plant），这一名称更形象地描述了其生长特点。浮叶植物通过具有一定柔韧性的茎干将根部与叶片连接起来。其茎干长度通常大于水深。当湖面因风浪等产生水位变化时，浮叶植物为了适应水位上升或下降而上下浮动，从而在这种水位经常变化的环境中生存下来。当植株叶片生长过多过密时，较长的茎干可以使叶片向周围扩张，以获取足够的空气和阳光。当把植株从水里捞出来后，其茎干不足以将整株植物支撑起来。在水浅的地方，茎干则会斜躺在水底。

浮叶植物的叶片上表面暴露于空气中，而下表面则与水面接触。其叶片形状一般呈卵形、圆形或椭圆形等，以最大限度地保护叶片，避免叶片被风浪撕裂，部分浮叶植物的革质叶片也能保护其免受外界的伤害。叶片上表面有较多呼吸孔，能帮助空气进出植株体内贮气组织，而这些贮气组织有助于植株体平稳地漂浮于水面。

经常被应用的浮叶植物有睡莲科（*Nymphaeaceae*）、菱科（*Trapaceae*）

和龙胆科（*Gentianaceae*）植物，且多为人工栽培植物（表 5-2）。

表 5-2　园林水景中主要应用的浮叶植物种类

序号	中文名	科属名	分布	园林应用
1	睡莲	睡莲科睡莲属	我国南北各地均有分布，日本、俄罗斯、印度、欧洲也有分布	重要的浮叶花卉，常用来布置湖塘水面，效果特佳
2	萍蓬草	睡莲科萍蓬草属	我国南北各地均有分布，日本、俄罗斯、欧洲等地也有分布	重要的浮叶花卉，已被越来越多地应用到园林水景中
3	王莲	睡莲科王莲属	原产于南美热带水域，我国一些大城市有引种，南岭以北为一年生栽培	因其巨型、奇特似盘的浮水叶片，以多变的花色和浓重的香味而闻名于世
4	芡实	睡莲科芡属	我国南北各地均有，俄罗斯、日本、印度、东南亚等地也有分布	叶大，浮于水面，花果较奇特，观赏价值高；可于湖塘水面栽植
5	野菱	菱科菱属	我国东北至长江流域等地均有分布，日本及东南亚也有	可盆栽或自然栽植于水景区水面供观赏，较具自然野趣
6	菱	菱科菱属	全国各地均有栽培	叶柄有气囊，叶排列似一圆圈，浮于水面，较奇特；栽植于湖塘水面，效果较好
7	荇菜	龙胆科荇菜属	我国南北各地均有分布	开花时，黄花星星点点，装饰水面效果较好；常自然栽植于湖塘水面，具自然野趣

3. 浮水植物（floating plant）

通常不扎根于泥中，茎叶浮于水面，植株可以随风浪自由漂浮，亦称漂浮植物（free-floating plant）。多以观叶为主，以观花为辅。为适应水面上的漂浮生活，就得有与其相适应的形态结构。特别是其所具有的贮气组织可减轻植物体的重量，使整个植物体不下沉而漂浮在水面上。

例如，凤眼莲的叶柄中部膨大呈葫芦状，其体内贮存着大量的气体；而水鳖则是在其叶背中央有由细胞膨胀成的气室。

浮水植物与浮叶植物的明显区别在于浮水植物整个植株体都漂浮在水面上，通常不与底泥接触；而浮叶植物则能较好地扎根生长于底泥中。但若水位较低时，浮水植物根部也会固着在底泥中，但其附着能力差，只要水位一上升，植株即漂浮起来，如凤眼莲、水鳖等。人们最为熟悉的浮水植物莫过于凤眼莲（水葫芦）、满江红、浮萍等（表5-3）。

表5-3　园林水景中主要应用的浮水植物种类

序　号	中文名	科属名	分　布	园林应用
1	凤眼莲	雨久花科凤眼莲属	原产于南美洲，我国南方有分布	常用于池塘水面，一般要将其围拦起来，以防止扩散；现亦常用于水质净化
2	水鳖	水鳖科水鳖属	我国南北各地均有分布，欧洲、亚洲、大洋洲均有分布	可观叶，常在岸边与挺水植物群落伴生；常用来点缀小型园林水景
3	浮萍	浮萍科浮萍属	全国各地均有，世界各地广泛分布	观叶，在水景区种植，或种在鱼缸中，观赏效果甚佳
4	大藻	天南星科大藻属	我国长江以南有生长，广泛分布于亚、非、美三洲的热带、亚热带地区	其外形似一朵花，常为灰绿色；可在水面自然栽植，或盆栽用于观赏，效果较好
5	满江红	满江红科满江红属	广泛分布于长江流域及长江流域以南各省区；朝鲜、日本也有分布	可培养于水盆中，亦可栽植于景区水体中用于观赏，较为可爱；还可作绿肥

4. 沉水植物（submerged plant）

整个植株都生活于水中，并只在花期将花及少部分茎叶伸出水面的水生植物。此类水生植物主要以观叶为主；花较小、花期短，但开花时亦有一定观赏价值。其生长所依赖的水环境造就了其特殊的生理结构，各器官的形态、构造都是典型的水生性，不具有抑制水分蒸发的结构。植物体比较柔软，细胞含水量多，渗透压较低，在水分不足时，细胞很快就会出现脱水现象，故一般不能离开水，否则会因失水干枯而死。许多沉水植物的营养繁殖能力强，可以通过芽孢、块茎和断枝等器官或组织进行繁殖，繁殖得快且多，对保持种质特性、防止品种退化，以及杂种分离比较有利。

沉水植物虽然种类较多，但大多用来装饰家庭水族箱，如大柳（*Hygrophila corymbosa*）、大宝塔（*Limnophila aquatica*）、大花皇冠（*Echinodorus grandiflorus*）等。目前在园林水景中常应用的植物主要是水鳖科（*Hydrocharitaceae*）、金鱼藻科（*Ceratophyllaceae*）、茨藻科（*Najadaceae*）和眼子菜科（*Potamogetonaceae*）等（表5-4）。

表5-4　园林水景中主要应用的沉水植物种类

序　号	中文名	科属名	分　布	园林应用
1	黑藻	水鳖科 黑藻属	世界各地广泛分布，我国南北各地均有分布	具有适应水体环境变化的能力，对光照、水质硬度等要求不严
2	苦草	水鳖科 苦草属	在我国各地广泛分布，中南半岛、日本、马来西亚、澳大利亚也有分布	对水质的适应性较强，喜弱碱性水质，适应水温在24 ℃以下，不喜高温，耐寒，喜强光
3	金鱼藻	金鱼藻科 金鱼藻属	广泛分布于世界热带、温带静水中	野生于湖泊、池塘的静水中或水沟、河流、温泉等流水处，分布广，适应性强
4	狐尾藻	小二仙草科 狐尾藻属	我国各省区均有分布	适应力较强，生于湖泊、池塘、沟渠等淡水水域
5	茨藻	茨藻科 茨藻属	在全球各地广泛分布，我国南北各地均有分布	主要生活在缓流河水、湖泊、池塘、水田和水沟等主要为静水的水体中

序　号	中文名	科属名	分　布	园林应用
6	沮草	眼子菜科 燕子草属	产于我国南北各省区。为世界广布种	生于池塘、水沟、水稻田、灌渠及缓流河水中，水体多呈微酸至中性
7	马来眼子菜	眼子菜科 眼子菜属	分布于全国各省区，朝鲜、日本、东南亚和印度也有分布	静水、动水中均可生长，在湿地也可生长

5. 海生植物（marine plant）

海洋植物是海洋中利用叶绿素进行光合作用，以产生有机物的自养型生物，主要包括藻类和海洋种子植物。

二、园林水体植物的景观功能与生态功能

（一）园林水体植物的景观功能

园林水体植物不仅可以观叶、赏花，还可以欣赏其在水中的倒影。通过各种园林水体植物的相互配置，可以丰富景观效果，在以往的园林水景中，应用较多的有荷花、睡莲、黄菖蒲、葛蒲、香蒲、芦苇等。同时，也有以园林水体植物为主的专类水景园，如杭州西湖的"曲院风荷"因其独特的荷花景观而闻名。随着生活节奏的加快、生活压力的加大，人们越来越向往"小桥流水"、如诗如画般的生活环境，向往"碧波荡漾，鱼鸟成群"、人水亲和的自然美景。在规则式水体的设计中可以不用植物点缀，但自然式水体只有在其池边沟畔、岩石缝隙、水中种植各种园林水体植物，才能给人一种自然的恬静和怡神的感觉。水体园林植物的姿态、色彩及其形成的倒影，均加强了水体的美感。周围是否配置植物及其构思的巧妙与否，会直接影响到景观水体的整体设计效果。在园林水景建设中，重视园林水体植物对水体的造景作用，处理好园林水

体植物与水体的关系，可以营造引人入胜的景观，体现真善美。

（二）水体园林植物的生态功能

水体园林植物在水体产氧、氮循环、水质调控、沉积物吸附以及为水生动物、部分野生动物提供栖息地、隐蔽场所和食物中起着重要作用。

目前对其生态功能的研究主要集中在以下几个方面。

1. 作为指示物种

部分园林水体植物种类可作为不同的生境类型及不同的演替阶段的指示物种。因为植物基本上是位置固定的生物体，通过在多个位置种植，可以很容易监测出污染物质分布的空间类型。植物的一些基本特征组成，如生长、生存和繁殖情况等通过测量能够比较容易得到，而这些结果能直接或者间接反映出某个水域或水体的相应物理、化学及其他环境指标，显示水体的受污染程度或者受污染的类型，有利于人们对水质的调控。

2. 去除污染物

大量研究结果表明，水体园林植物对水体内污染物具有一定的去除作用，可以较好地净化水质。

但水体中有机污染物浓度高低以及污染物是否容易降解等性质，会对植物净化效率产生很大影响。例如，氮、磷等营养物质是植物生长所需的，但浓度过高反而有害。水体园林植物穗花狐尾藻和黑藻对多数重金属元素具有较强的吸收能力，如铜、锌等，但部分重金属元素，如汞、铅，吸收量较小时植物受到的危害不明显，但若吸收量过大，植物则会中毒、枯萎甚至死亡。例如，刺苦草（*Vallisneria spinulosa*）和密刺苦草（*Vallisneria denseserrulata*）对铜有很好的吸收和沉降能力，但只能在百万分之 0.5 以下浓度的污水中起净化作用，而且维持时间不超过 6 d。因此，要注意控制水体中各种污染物质的浓度，提高净化效率，避免植物的死亡。

种类的差异、时间的长短、季节变化、植物抗病虫害能力、水体流量及流速、水体中溶解氧的大小等因素对植物净化效率的影响也同样不容忽视。不同月份植物净化率有所不同；不同植物间进行多种组合配置，可提高植物对水体氮、磷等的综合净化率，并有利于生长期和净化功能的季节性交替互补。如在同等条件下，去除 COD 的能力，凤眼莲强于香蒲，而去除总磷的能力，香蒲又强于凤眼莲；芦苇具有较强的输氧能力，菱白具有较强的吸收氮、磷的能力，芦苇和菱白混种是一种较好的植物种植方式。因此，在景观水体中应用水体园林植物，要对水质进行充分分析，在不同水域合理选择、搭配水体园林植物种类。

3. 抑制浮游藻类生长

营养化严重的水体中，藻类疯长，水质恶化。栽种水体园林植物后，同浮游藻类争夺营养物质以及所需的光热条件，同时分泌出抑藻物质，破坏藻类正常的生长代理功能，迫使藻类死亡，以防止其带来的毒素。这样可以提高水体透明度，改善水质，促进沉水植物与共生菌的生长，进一步净化水质。

三、水体园林植物的景观配置

（一）坡岸式

依据水体条件，植物种植形式较简单，作用以固土护岸为主。也有种植多层次与多样化的植被，来丰富水体景观形式的。小型的自然式水体河道，或一些静水小河、渠、池也有斜坡的种植手法，运用丰富的植物使小河生机盎然，极富自然情趣。

（二）混凝土框架种植槽式

在水体护坡的上下坎间用混凝土浇筑成网格状的护坡板，在板槽中填土、种植。此类种植方法简单粗放，以缓坡为主，其优点在于整个斜坡可按水位布置各类植物地被，甚至乔木。有些简单的做法是用混凝土做上下两条驳坎，中间留作种植槽。

（三）自然式覆土护岸式

在硬体（石砌或混凝土）坡上，自然堆土种植，其较适用于静浅水体，种植的植被较丰富，亦可结合园林水体植物种植。

（四）嵌式护岸式

一般适用于有较陡的堆石坡岸的水体，用容器（麻袋、草包等）种植的方法把种植袋嵌入石岸中。嵌植的位置一般选在近水处，植物的品种依据位置选定。

（五）多层直岸式

根据水体水位的情况，布置多层的驳坎，植物的种植从水生到湿生与旱生的变化极为明显，对水位变化较频繁的水体较为适用。

（六）岸堤台阶式

这种水体植物配置的方法主要借鉴斜坡岸的种植手法，在水位较稳定或较干旱的水床上使用，有层次的种植面可布置各类植被，使河道美观，同时还适用于坡岸较陡的水体。

随着城市的发展和人们生活水平的提高，水体植物配置问题越来越重要，也越来越引起有关部门的重视。但由于一些原因，许多水体的植物配置随意性太强，甚至缺乏基本的设计，当然更谈不上科学性和美观性了。之所以出现上述问题，主要是因为一些有关部门认为水体工程是根本，是需要认真设计的，而植物配置则是小问题，因而仅凭某个人的兴趣随意栽种一些树木、花草，种完了之，没有对其进行修整与保养。

城市水体的植物配置需要运用多学科知识去进行综合设计。水体的植物配置可以有多种方式，但在进行构筑物植物配置时应做到以下几点。

（1）遵循生态原则、美学原则、适用性原则和安全原则等原则。

（2）以乡土水体物种为主，适当引进外来物种，根据具体条件选择植物种类。

（3）注意物种在空间上的排布方式，上层、中层和下层的植物要高低错落，符合其水生深度习性。

（4）避免出现单一植物种类，应遵循美学原则，注意构景要素的搭配，遵循多样与统一、对比与调和、均衡与稳定、韵律与节奏、比例与尺度等原则。

（5）注意意境美的体现，实现科学性与艺术性两个方面的高度统一。

（6）水体生态系统是一个良性的生态系统，包括多种水生动植物，应采用科学的方法，进行合理的搭配，保证不同物种间的良好共生。

四、水体园林植物的生态应用

国内外已广泛开展利用水生植物净化富营养化水体的研究，取得了一些成果，并证实利用水生植物治理富营养化湖泊、河流是一个能有效保护生态环境、避免二次污染的好方法；同时作为水域生态系统中的重要组成部分，水生植物的种植还有利于水土保持、抗风浪、保持生物多样性、维持整个水域生态系统的稳定。

如今，随着景观水体中由于经常出现富营养化而使得水体透明度下降、溶解氧降低、水质严重恶化等问题，水生植物所具有的生态功能已越来越受到人们的重视。

特别是随着人们对自然湿地的作用认识的深入及景观水体营造中"湿地"概念的逐步引入，现代城市水体景观设计已逐渐从纯粹的水景设计过渡到对湿地系统的设计或改造。在进行湿地景观设计时，除了考虑审美功能外，还要考虑生态功能，注重水生植物群落作为一个整体所形成的景观效果和生态效应，特别是在城市大面积水域的景观营造中，如市区河道、内湖等，通过与水体的功能定位结合起来，种植各具特色的水生植物，充分满足各种要求。

目前，生态水景的设计与建造是一大热门，即是以本地区有较好适应性、具观赏价值的现有或原有水生植物为主要材料，科学合理地加以配置设计，充分利用水生植物在姿韵、线条、色彩等方面的特点，力求模拟并再现自然水景，最终形成无需经常进行人为管理便可保持稳定的水体景观。其比利用水生植物净化污水的技术有更大的难度，是以后发展和研究的一大方向。长沙烈士公园、四川成都府南河活水公园、广东中山市岐江公园、顺德生态乐园的沼生植被设计、杭州西湖湖西景区的湿地景观设计以及长沙沿江风光带景观保护工程等都较好地满足了景观和生态两方面的要求，达到人与自然的和谐统一。同时，一些滨水景观的规划设计原则、基本模式等也具有一定的参考价值。

第三节　园林植物与山石的景观配置

一、相关概念

（一）自然山石

自然山石是指直接取自自然环境中或者经过机械加工的原生态山石。随着历史的发展，园林景观中运用的山石种类越来越丰富，秦汉时期的聚土为山，魏晋南北朝时期开始选用稀罕的奇石为石材，唐朝出现了由石料组成的石景，宋代开始运用太湖石和灵璧石，明清时期山石材料的种类基本固定下来，包括太湖石、黄石、宣石、灵璧石、房山石、青石、英石等。本书所研究的自然山石类型根据其形状、纹理和质地以及在园林景观中的应用，分为太湖石、卵石、黄石、花岗石、龟纹石、黄蜡石、千层石和青石这几类。

（二）山石造景

山石造景在我国造园史上有着非常重要的地位，主要指以假山为代表的一种造景方式。山石造景在中国古典园林中展现形式为独石成峰、叠石掇山、点石成景（包括散置石、特置石，一般用于在石上镌刻题名），也可以用来堆叠池岸、砌筑花坛和石桥或者铺设园中小路以及蹬道等。本节所研究的山石造景主要包括假山、置石、石质驳岸这三个部分。

二、植物与自然山石配置在园林中应用的相关理论

（一）植物配置理论

世界园林艺术发展至今已有几千年的历史，在其漫长的发展历史中，园林植物配置的形式、遵循的原则甚至理论都在发生着变化。本书对近些年的植物配置的一些典型理论做出部分总结，其包含以下几点：第一，植物与山石的配置要充分发挥植物本身的柔和的形体和线条的美感，来柔化山石坚硬的轮廓；第二，要巧妙运用不同的构图方式和艺术手法，利用植物与山石的特点配置出活泼动人而又朴素自然的美景。南宋诗人杨万里就有名句"餐翠腹可饱，饮渌身顿轻"，足以说明"翠""绿"对人们生理和心理的重要作用，这也体现了园林植物在景观中的重要作用，中国古典园林中有很多经典的植物配置模式，如把牡丹与玉兰、桂花、海棠配置，寓意"金贵满堂"等。在现代园林景观中，随处可见的山石景观由于缺少植物配置，无法取得既有生机又有情趣的园林艺术效果。植物配置理论是植物与自然山石配置的基础，也是成功营造山石景观的前提。

（二）园林美学理论

园林美学（garden aesthetics）是园艺、建筑、美术、文学和生态等交叉的边缘学科，是将美学的研究成果及其一般原理运用到园林的研究

上而形成的一门新兴学科。明末计成所著《园冶》提出了"虽由人作，宛自天开"的园林美学思想，这个思想也成了评价园林艺术的一条重要的美学标准，所以中国的园林美学主要讲究的是"天人合一"，即人与自然的和谐统一。园林美是自然美、艺术美和社会美的高度融合，是一种集体美，也是中国古典园林建筑之风姿美、山水之灵动美、花木之自然美的综合体。

（三）园林生态学理论

园林生态学是随着生态学理论在园林中应用的增加而形成的一门生态学和园林学的交叉学科，是研究城市中人工栽植的各种树木、花卉组成的园林植物群落内各种生物之间及其与城市环境之间相互关系的科学。了解园林生态学的理论知识，有助于合理地配置园林植物与山石，形成生态景观。在选择植物种类与山石的过程中，第一，尽量不破坏原有的环境结构，尊重场地，保护场地原有的资源和物种多样性。第二，优先利用乡土植物和当地石材。第三，根据生态学原理注意植物种植位置的选择：选择南天竹、芭蕉、山茶、八角金盘和黄杨等较耐阴的植物种类时，尽量种植在石的背阴面或者两侧、林下；牡丹、芍药、月季、美人蕉和鸢尾等喜阳的植物种类宜种植在山石的观赏面；松柏类、榆树和榉树等耐旱性较强的种类宜植于山坡上，与山石配置；而在石块的缝隙处则常种植既能受强光照射，又能耐阴的沿阶草，以丰富景观。第四，保持景观的稳定性和持久性，营造合适的空间尺度和山石景观，以满足人类的观赏和游憩需求，改善城市景观。

（四）植物群落学理论

植物群落是指在一个植物群体内，植物与植物之间、植物与环境之间都具有一定的相互关系，并形成一个特有的内部环境或植物环境，它分为自然群落和人工群落，自然群落是在长期的发展过程中，在不同的地域根据不同的气候条件自然形成的群落；人工群落就是为满足人们观赏需要以及改善环境等需要，把彼此能够协调、平衡发展的同种或不同种的植物配植在一个区域内形成的群落。一个植物群落是否能够形成优美并且稳定的景观，不仅要考虑这一群落植物的高低、大小、叶形、叶色、季相、花期与花色、病虫害等，还要特别重视植物的生长习性。尤其是乔木＋灌木＋地被的配置，如果配置喜阳性的灌木和地被，乔木经过数年的生长形成浓荫后就会影响灌木和地被的生长，从而影响原本的景观的价值。与山石配置的园林植物不会是一种植物，而是多种植物，在选择植物时应保证这些植物没有植物种间的竞争和相互干扰，并且符合演替规律，可以形成丰富而稳定的群落景观。

（五）环境心理学理论

环境心理学主要研究环境—行为，包括物质环境和人类行为两方面的因素，涉及生态学、心理学、园林规划与设计等多门学科知识。从心理学的角度，研究生活在人工环境中的人们的感觉、知觉与认知，探讨什么样的环境能满足人们需求。根据环境心理学理论，植物与山石的配置方面要注意以下五个方面的内容。

（1）安全性：要给人安全感和稳定感。

（2）实用性：不仅能满足游人观赏和娱乐需求，还可满足其他功能需求，如用来划分空间。

（3）宜人性：满足人们的审美需求和热爱美好事物的心理需求，如人们对梅、竹、兰等一些植物的热爱。

（4）私密性：利用植物和山石的不同的尺度感形成符合人们心理需求的空间尺度和层次。

（5）公共性：将"私园"中植物与山石配置形成的景观引入"公园"，调动人们的情感变化以及帮助人们聚集和相互交往。

三、园林植物与自然山石的配置形式——以宿州古典园林为例

苏州园林作为江南私家园林的精粹汇聚之地，园内的建筑、水体、植物与山石的搭配可谓把中国的诗画艺术原理运用得淋漓尽致，有些是茂林修竹、曲水流觞的意境；有些是梅岭春深、奇峭动人的意境；而有些则是万松叠翠、山石蜿蜒的意境。根据拙政园、留园、网师园、狮子林、环秀山庄中的山石景观，笔者将其归纳为如下三种类型：土山为主，点石为辅；粉墙似纸，山石植物似画；山石花台，石质驳岸。

（一）土山为主，点石为辅

土山为主，点石为辅的山石景观主要是利用地形的起伏模仿自然，石块主要堆砌在山体的表面。在苏州古典园林中，土山是以小山之形，传大山之神，在很小的面积内，展现出峰峦起伏的气势。一般是采用黄石堆砌、用太湖石间以黄石堆砌这两种形式。由于山体的面积较小，土量有限，并且土质较差，一般柏类与竹类植物运用得较多。但是在苏州古典园林中，假山上种植的植物种类较多，以体现满山郁郁葱葱的自然野趣（表5-5）。

表5-5　苏州古典园林土山石植物配置种类

地　名	景点名	假山类型	植物种类	
			乔木	灌木
拙政园	雪香云蔚亭	土多石少	梅、榉树、枫杨、香樟、朴树、槭树、合欢、松树、柏树、紫荆、海棠、臭椿	毛竹、迎春、金钟花、沿阶草
	待霜亭		柑橘、枣树、乌桕、柿树、女贞、枫杨	
	浮翠阁		桂花、香樟、圆柏、罗汉松、小叶黄杨、朴树、柿树、榉树、国槐、小叶黄杨	山茶、石榴、栀子花、南天竹、蜡梅、海棠、月季、紫藤

续　表

地　名	景点名	假山类型	植物种类	
			乔木	灌木
留园	闻木樨香轩、可亭	土多石少	桂花、枫香、鸡爪槭、桃、梅、夹竹桃、柳树、梧桐、香樟、朴树、柏树、榔榆、银杏	芭蕉、迎春、南天竹、山茶、紫荆
网师园	云岗、小山丛桂轩	以石为主	桂花、玉兰、鸡爪槭、小叶黄杨	海棠、蜡梅、梅、南天竹、慈孝竹、凌霄、紫藤
狮子林		以石为主	柏树、白皮松、银杏、梅、国槐、紫薇、夹竹桃	迎春、南天竹、络石、紫藤
环秀山庄		以石为主	白皮松、黑松、鸡爪槭、朴树、紫薇	薜荔、牡丹、紫藤、何首乌、南天竹

　　拙政园的主景山石景观是以土石构筑成东、西两个岛山，西山较大，以山顶长方形的"雪香云蔚亭"为标志，山上片植梅花；东山较小，以烘托出山后藏而不露的六方形的"待霜亭"，山上片植柑橘。岛山以土为主，散点石块为辅，向阳面点缀的黄石参差错落，背阴面则是苇丛，富有野趣。

　　留园的土山主要位于整个园区的西部，临水，用太湖石间以黄石堆砌。假山上的乔木以桂花树为主，以"可亭"作为山景的点缀。

　　网师园的主景区以中部的水面为中心，在水面以南有一处颇具雄险气势的黄石假山——云岗。此处以赏秋景为主，也因半阴的环境而丛植桂花，桂花间杂以四季长春的竹类和春冬赏花的梅类植物等以丰富景观。

　　狮子林以园内的山石形似狮子而著称，湖石假山主要位于园子的东面，假山上满是怪石奇峰，姿态各异，植物多以古树名木为主，植于石峰间。

　　环秀山庄虽然面积不足一亩，但是园内不但山势磅礴，而且峰峦叠翠。植物种植于山上，与假山融为一体，春季可赏牡丹，夏季可赏紫薇，秋季有菊，冬季则以松柏取胜，可谓生机盎然。

（二）粉墙似纸，山石植物似画

粉墙似纸，山石植物似画指的是在苏州古典园林中，以白粉墙作为山石和花木的实体背景，从而使墙、石、植物融为一体，形成独特的园林景观。例如，拙政园的海棠春坞，以白粉墙为背景，放置数块太湖石在花坛中，并且种植两株海棠和翠竹形成一组小景，在花坛的正上方嵌一个书卷形的匾额，上镌"海棠春坞"。又如，留园的花步小筑是一个只有几平方米的小天井，在这里用数块湖石围合成一个极小的花池，将石笋石点缀在花台的右侧，在山石花池中，只配植了一丛耐阴并且叶色优美的南天竹，并且在石隙中丛植麦冬。在干净的白粉墙上不仅有爬山虎攀缘其上，还有"花步小筑"四字隶书青石匾额，由树、石、藤、匾构成的整个空间消除了墙面的单调之感。再如，网师园的"香睡春浓"位于主园北门外，也是由树、石、匾组成的一组小品，白粉墙前孤植海棠，略点湖石，墙上嵌一砖额，题"香睡春浓"。当然，在苏州古典园林中，还有很多与之类似的优美景观，如留园的古木交柯和网师园的玉碗金盘等（表5-6）；当然也包含苏州古典园林中以建筑为背景的山石景观。

表5-6　苏州古典园林自然山石与植物配置种类

地　名	文学品题	山石种类	植物种类	
			乔木	灌木
拙政园	海棠春坞	太湖石	海棠	慈孝竹、沿阶草
留园	古木交柯	太湖石	柏树	山茶
	花步小筑	太湖石、石笋石		爬山虎、南天竹、沿阶草
网师园	玉碗金盘	太湖石	鸡爪槭	山茶、芍药、沿阶草
	香睡春浓	太湖石	海棠、松树	芍药、沿阶草

（三）山石花台，石质驳岸

山石花台和石质驳岸在苏州古典园林景观中应用得非常普遍，应用手法也非常精湛，在平面上曲折有致，大弯小弯兼有，在立面上也有高低虚实的变化，石材一般选用湖石。山石花台的应用较多，这主要是因为江南地区地下水位偏高，土壤排水状况不佳，而古人在造园中常用的牡丹、芍药、玉簪之类的花卉或者红枫和竹类、松柏类等观赏性的植物要求土壤具有良好的排水性，所以将这类观赏植物种植在抬高的石砌花台中可以为其生长创造良好的生态条件。另外，运用山石来堆砌花台的一个比较重要的原因是可以使花台的形体轮廓富有变化，以体现其自然感，并且在山石之间栽植麦冬或者沿阶草、虎耳草、蝴蝶花，可以增加游园的自然之趣。

中国古典园林中的各种造园要素都是模仿自然而形成的，人工砌筑的石质的水池驳岸也不例外，驳岸仿造自然水岸，用纹理一致、凸凹相间的湖石错落相叠，呈现出此起彼伏的变化，并适当间以泥土，便于种植南迎春、箬竹、麦冬或者络石、常春藤这一类植物，以遮挡山石，凸显水岸的自然之趣。

第六章　不同理念与手法在园林植物造景中的应用

第一节　植物的文化内涵及其在园林景观中的应用

一、植物的文化内涵

在中国传统文化中，人们始终注重事物的意义与内涵，而不是事物的外在形式。这一点反映在中国古典园林植物的配置上就是注重植物的意境和象征意义，而不是单纯欣赏植物的形状、颜色和香味。一方面，中国古人对植物具有深厚的感情，甚至把树木看作民族、江山的象征。例如，《论语》曰："哀公问社于宰我，宰我对曰：'夏后氏以松，殷人以柏，周人以栗'。"其以松、柏、栗作为夏、殷、周三氏族的社稷之木和精神象征。另一方面，随着传统文化思想的发展，把植物性格拟人化，赋予其某种品格特征，并把自己的感情、思想寄托其上，使植物具有了人的情操，使园林环境充满诗情画意，体现出古典园林植物造景的人文意境美。

（一）植物的人格化

早在《诗经》中，人们在用比兴手法咏志、抒情时，就已引用了上百种植物，这些植物寄托着人们的好恶，成为某种精神寄托。这种植物方面的美感意识，影响非常深远，已成为中国优良文化传统的重要组成部分。在人们的眼中，许多植物都具有人的情操。例如松柏，孔子曰："岁寒，然后知松柏之后凋也。"（《论语·子罕》）；《荀子》中又有："岁不寒无以知松柏，事不难无以知君子。"这里很清楚地把松、柏的耐寒特性，比德于君子的坚强性格。梅具有刚直、高洁、清逸、潇洒等品格。陆游在其词《卜算子·咏梅》中以"无意苦争春，一任群芳妒"，赞赏梅花不畏强暴及虚心奉献的精神，以"零落成泥碾作尘，只有香如故"

表现其自尊自爱、高洁清雅的情操。竹常被用来象征刚直不阿、有气节的君子，张九龄称其"高节人相重，虚心世所知"，苏东坡更有"宁可食无肉，不可居无竹"的感叹。荷花，为水中君子，"香远益清"成为它的品格特征，周敦颐谓之"出淤泥而不染，濯清涟而不妖"，其被认为是不同流合污、高洁的象征。除此之外，海棠的娇艳，杨柳的婀娜多姿，芭蕉的洒脱，蜡梅的傲雪，芍药的荣华，牡丹的华贵，兰花的幽雅，秋菊的傲霜，以及松竹梅"岁寒三友"、梅兰竹菊"四君子"……凡此种种，不胜枚举，它们均被赋予不同品格特征。

（二）文化的符号和吉祥如意的象征

梅花花开五瓣，人称"梅开五福"，是园林铺地的吉祥图案之一。"梅"和"眉"谐音，与喜鹊组合形成的图案，寓意"喜上眉梢"，广泛地运用在落地罩雕刻图案上，营造欢乐祥和、吉祥如意的气氛。竹被视为春天的象征，竹有象征子孙兴旺的意思。竹子还是佛教教义的象征。松柏为子孙兴旺和长寿的象征。荷花为佛教的象征，为佛土神圣洁净之物，成为智慧与清净的象征。梧桐在《诗经》中就与凤凰相联系。梧桐招凤凰，成为圣雅之植物。"桐"因为与"同"谐音，常常与其他物体配合，组成吉祥图案，如与喜鹊配合，组成"同喜"的图案。牡丹有"富贵花"之称，是富贵、繁荣昌盛的象征。例如，牡丹与芙蓉、牡丹与长春花表示"富贵长春"，牡丹与海棠象征"光耀门庭"，牡丹与桃表示"长寿、富贵和荣誉"，牡丹与水仙是"神仙富贵"的隐语，牡丹与松树、寿石又是"富贵、荣誉与长寿"的象征。垂柳婀娜多姿，蕴含的文化意义颇为深厚。垂柳对环境有很强的适应能力，成为生命力的象征。"柳"与"留"谐音，"柳"因此成为表达留恋、依恋情感的载体，自此折柳送别成为朋友分别时的惯例。柳也是家庭和家乡的象征。桂花有"仙友""仙客"之称，蟾宫折桂，象征登第。兰花象征友谊，同心的语言被称为"兰言"，结拜弟兄被称为"义结金兰"。石榴寓意多子。紫薇、榉树比喻达官贵人等。

二、植物文化内涵的表现形式

在源远流长的中国文化里，拟人化的植物象征着人们的理想、追求，所以与表达人们理想、情感的文学、绘画、雕刻等艺术密不可分。

（一）植物与文学

翻开中国文学史，以植物为题材的诗词歌赋、小说、戏曲等文学作品，不可胜数。这些与植物相关的文学作品中，数量较多、成就较高的是赏颂植物的诗词。植物与诗的结合首见于我国古代的第一部诗集——《诗经》。在其305首诗中，提到的植物竟达132种之多。在稍后出现的《楚辞》中，诗人屈原也运用大量的花木香草来比喻君子，作为人格高洁的象征。于是，赏颂植物便成为典出有据、风雅倍加的韵事。此后，许多文人墨客结合自身的感受、文化素养、伦理观念等，各抒己见、赋诗感怀，极大丰富了植物所蕴含的文化内涵。南宋陈景沂《全芳备祖》，两集，58卷，前集写花。全书共收录植物近300种，花卉约130种，分"事实祖""赋咏祖""乐府祖"三部分，记花的产地、品种、典故、诗词等。此书被公认为最早的以植物为对象的类书。明王象晋《群芳谱》，30卷。其中《花谱》4卷。卷首"花月令"，记述正月至十二月花的荣谢。"花信"记述二十四候花信。"花异名"记述花之别称。"花神""插花""卫花""雅称""奇偶""花忌""花毒"记述花的特性。所录花类皆记述花名、特性、种植、取用、典故、诗文，考证详尽明了。清代汪灏等编的《广群芳谱》可谓集历代植物谱录类书之大成，该书在描述植物形态、品种之外，还大量引述与此植物相关的典故、名胜、逸事等，堪称植物百科全书，对研究传统植物文化具有重要意义。

除诗词以外，以植物为题材的小说、戏曲作品也是名篇累累。例如，明代汤显祖的名剧《牡丹亭》，以花名作唱词问答，多次提到桃花、杏花、李花、杨花、石榴花、荷花、丹桂、梅花、水仙花、迎春花、牡丹花、玫瑰花等，仅《冥判》一折，就涉及花名40种。在清代蒲松龄的著名短篇小说集《聊斋志异》中，许多篇章的主人公是花仙、花精，如《黄英》《莲花公主》《荷花三娘子》《香玉》等。在中国古典小说中，吟咏植物较为丰富和成功的当推曹雪芹的名著《红楼梦》。作者别出心裁地将数十种名花佳木"配植"在大观园里，将数十首吟花诗词有机地穿插于小说之中，以此作为展开故事情节的线索、刻画人物性格的手段、表达作者感情的中介，出神入化地将植物的自然美转化成了文学的艺术美。

在现代的诗歌、散文中也不乏花草树木的身影，许多文人雅士亦因此与植物结下了不解之缘。茅盾先生的《白杨礼赞》和秦牧先生的《花城》等都是脍炙人口的散文名篇。

这些精彩的与植物相关的文学作品使自然界中的花草树木呈现出特有的情趣和艺术魅力，提高了对植物的审美性，同时也丰富了对植物的欣赏内容。

（二）植物与绘画

中国绘画艺术历史悠久，源远流长，经过数千年的不断丰富、革新和发展，以汉族为主、包括少数民族在内的画家和匠师，创造了具有鲜明民族风格的丰富多彩的形式、手法，形成了独具中国意味的绘画语言体系，中国绘画艺术在东方以至世界艺术中都具有重要的地位与影响。在众多绘画形式中与植物关系较为密切的当数花卉画和山水画。

自秦汉以来，花卉画就逐步成为独立的、具有极高艺术成就的画科。魏晋南北朝时期，独立的山水画出现。到了唐代，我国花卉画有了极大发展，无论是错彩镂金的工笔画，还是讲究笔墨韵味、追求自然清新的水墨花卉，均成为宫廷和民间普遍欢迎的画种。五代十国时期，涌现出一大批各有擅长的花鸟画能手，其中能代表这一时期成就的是南唐的徐熙和西蜀的黄荃。以两人为代表分别形成徐、黄两大流派，画史上称

"徐黄异体"，这是中国花卉画成熟的重要标志。宋代是我国花卉画发展的黄金时代，兴起以梅、兰、竹、菊"四君子"为题材的文人画，中国花卉画进入"托物言志"的阶段。这是我国花卉画史上的第一次飞跃，它使花卉与人类心灵的关系变得紧密，开拓了画家以高尚情操影响观者精神生活的途径，在审美方式上的民族特点终于形成。明、清之际，花卉画在艺术意境和表现技巧上都颇具新意。清代的"扬州八怪"多半以花卉为题材，笔墨恣肆，别具一格，对近代中国写意花卉画影响很大。

植物在山水画中占有重要的地位。笪重光《画筌》认为："山本静，水流则动；石本顽，树活则灵。"汤贻汾《画筌析览》曰："石为山之子孙，树乃石之寿侣。石无树而无庇，树无石则无依。"宋人韩拙《山水纯全集》曰："山以林木为衣裳，以草木为毛发，以烟霞为神采，以景物为妆饰，以水源为血脉，以岚雾为气象。"《论语·雍也》曰："知者乐水，仁者乐山。知者动，仁者静。知者乐，仁者寿。"水是流动不止的，山是庄严稳定的，故山水画多有三段，即上一半为山，下一半为水，中景则为树木和建筑等，用植物很好地协调了"山静水动"的矛盾。山水画论中植物对山水画布局中还有"卷之上下隐截峦垠，幅之左右吐吞岩树，一纵一横，会取山形树影，有结有散，应知境辟神开"的说法，植物和山石一起暗示了画面空间的延展，使得山水画呈现出的意境深远不尽。

此外，明代夏仲昭的《竹趣图》画的是"修竹拂疏棂"的写意庭院小景；明代钱叔宝的《芭蕉图》画的是芭蕉三二枝独占小院，重点突出，清净中显情趣；等等。因此，具有丰富人文含义的松、柳、梅、竹等植物，成为表达创作者志趣和理想的符号，在绘画中占有重要地位。

（三）植物与雕刻

植物纹样是装饰纹样的重要组成部分。在古代，许多花草、树木的纹样造型丰富了古代装饰纹样。植物纹样大量出现在生活器皿等上面。在周代的青铜器和陶器上，就有荷花的装饰图样。

私家园林窗户雕饰、地面铺地大量采用冰梅图案，梅花花开五瓣，人称"梅开五福"，代表高洁不凡的品格，可以创造出耐人含咏的隽美意境和韵味。例如，苏州拙政园东部的"兰雪堂"窗户上都是冰梅图案，高标绝韵，雅洁脱俗。上海南翔古猗园园东有梅花厅，其建筑和厅外花街都采用梅花图案，四周种满了梅花。另外，"梅"和"眉"谐音，与喜鹊组合成的图案，寓意"喜上眉梢"，广泛地运用在落地罩雕刻图案上。

清式家具花草植物雕刻纹样主要有卷草纹、灵芝纹、缠枝花卉纹、缠枝卷草纹、卷草灵芝纹、宝相花、海棠纹、莲花以及梅兰竹菊等纹样。清代乾隆时期的一对黄花梨太师椅的靠背、扶手端部是较大的拐子绳纹，靠背板、腿和牙子皆浮雕卷草纹，其形制是典型的清式家具形制，造型典雅端庄、富丽华贵。清代晚期的一套红木太师椅、方桌是厅堂内的家具。太师椅的靠背、扶手及方桌的牙子，都是透雕或雕饰灵芝纹，其雕工流畅，打磨精细，造型厚重，虚实相间。清中期六扇杉木屏风的上部窗格透雕，中间饰以梅兰竹菊纹样。古代文人称梅、兰、竹、菊为"四君子"，君子指道德高尚，具有情操气节之人，而梅、兰、竹、菊作为植物，具有接近的品格古代文人借梅、兰、竹、菊言志，表达自己对高洁的品格和正直、坚强、乐观的精神的推崇。

三、植物的文化内涵在古典园林中的表现形式与载体

植物在景观构成中还担任着文化符号的角色，传递园主人的思想和愿望，植物所包含的那些信息才是古典园林最有价值的内容。因为其反映了园林构建的真实意图，植物布置的季节、位置以及种类选择很多时候是为了使园林文化功能充分发挥的，也即园主的构建思想。这些花木的人文内涵广泛反映在中国古典园林艺术之中，对花木的栽植，对其装饰图案的运用，对建筑、庭院的命名等，都体现了观赏与实用、精神与物质的结合。

（一）以植物为主题的景观

园林中栽梅绕屋、堤弯宜柳、槐荫当庭、移竹当窗、悬葛垂萝、折射植物与园林建筑的关系密切。清代书画家郑板桥在《题画竹石》中曰："非唯我爱竹石，即竹石亦爱我也。"古人对植物的生态习性、外部形态乃至内在性格，观察细微，往往亦能得乎性情，并多与文人品性相互辉映，成为含蕴丰富的文化符号和文人的情感载体。例如，松柏象征坚强和长寿；竹子象征人品清逸和气节高尚；梅花象征刚直、高洁、清逸、潇洒等品格；莲花象征洁净无瑕；桂花象征荣华富贵；等等。

1. 松柏

松柏苍劲古雅，不畏霜雪风寒的恶劣环境，能在严寒中挺立于高山之巅，常被赋予坚贞不屈、高风亮节和不朽的品格，它苍劲挺拔，能够营造出古朴、凝重、岁月久远的空间氛围，历来是园林造景的重要素材。

（1）看松读画轩。看松读画轩是网师园中部主景区中一座向南的小厅，名为看松读画，四壁却无一幅图画。站在窗外南望则是一幅天然图画：形式自然的湖石树坛内栽姿态古拙、枝干遒劲的白皮松、圆柏、罗汉松、黑松，又以曲桥、湖池以及水边的矶渚花草、亭廊山丘为背景，远山、近水、古木、鲜花构成秀丽的江南山水景。其以白皮松等为主景，故称为"看松读画轩"，其所"读"的是一幅天然的画。子曰："岁寒，然后知松柏之后凋也。"严冬万木凋零，唯松柏常青，此时观赏，更见其精神。用"读画"一语，意即深入体味其神韵。

看松读画轩主厅的两侧用了虚实对照的装饰手法，一侧是长窗，可看窗外风景，另一侧则画着松树。轩内有"看松读画轩"额，其下是一副对联：满地绿阴飞燕子，一帘晴雪卷梅花。上联写春日之景，为动态景观，下联写冬日之景，正是"读画"所"读"的"画"：雪后初霁，梅花怒放，珠帘缓缓卷起，展现出的是"晴日雪梅图"。轩后正中窗下，植老梅一株，花窗框景，恰如一幅图画，表现了这种意境。

（2）松风水阁。松风水阁位于拙政园中部小沧浪之东北侧。临水筑东南、西北向之方亭，亭东植松。"松风亭"名字取自《南史·陶弘景传》中的"特爱松风，庭院皆植松，每闻其响，欣然为乐"。陶弘景是有名的"山中宰相"，是熟谙药草的名士，奉行老庄佛道，又杂有儒家思想，依据他爱松的典故而配植松，一方因松高洁，遇霜雪而不变，植松树展示园主人对这种高洁人格的仰慕；另一方也是意在像陶弘景那样各种思想兼收并蓄，只要有利于陶冶其情趣的景观，都可营造。从具体手法而论，要听松风，松树必然较多，但因地狭无法多栽，不能形成松涛，因此它不同于借风掠松林发出的涛声得名的承德避暑山庄的万壑松风建筑群。

这座水阁攒尖方顶，空间封闭，由廊间小门出入，其余三面采用半墙加半窗的结构。屋顶出檐特大，飞檐起翘尤高，表现出翩翩欲飞、飘逸轻灵的风采，整座建筑不是采用规整的正南正北方向，而是斜过 45°角，凌空架于水上，可避阳通风，适宜在夏天观景。亭侧植有黑松数株，有风拂过，松枝摇动，松声作响，色声皆备，是别具特色的一处景观。

（3）古五松园。古五松园在狮子林北部，为三开间东西向小轩，前后有小院，建于清乾隆初，民国初年重新修建。前院东、南两面有廊，东北角有半亭，北面园墙高筑。院中东南角以右峰遮蔽视线，游人初到，建筑半隐半现，稍露头角；转入园中，方觉开朗。庭中元代五棵大松今已不存，然石峰散立，丹桂飘香，仍显示出清静、古朴的小园景色扩前廊洞门上有砖刻"兰芬""桂馥"额，室内有"古五松园"额。匾额下有吴致木先生所作绢质五松联屏一幅。建筑长窗落地，装修用落地芭蕉图案挂落。室内陈设，以一架云石落地古屏尤为珍贵。屏高 1.35 m，宽 0.80 m，红木架座，双面天然山水风景，纹理清晰，景色天成。正面镌"绿树青怂江天一色"字样，古五松园主人附款"画理之澈，言之旨之远，可以夜读，可以朝吟"；反面题"江山如画，宛在萧湘洞庭之间"

之句。西面后院，方正整齐，中央有花木湖石。南面有复廊紧靠，与真趣亭相邻。复廊两面，嵌《听雨楼藏帖》书条石刻，与园西面、南面的长廊之中书条石刻连成一片。

（4）指柏轩。指柏轩位于狮子林北部，建于民国初年，为三进三间的重檐二层楼阁，又名"揖峰指柏轩"，是狮子林现存的唯一一座禅意园林，其建筑名称大多与禅宗的公案有关。

指柏轩的名字来自"赵州指柏"这一典故，另一说法是其源于宋代朱熹的诗句"前揖庐山，一峰独秀"；明代高启的诗句"人来问不应，笑指庭前柏"。指柏轩体量较大，底层副阶周匝，屋顶檐角高翘。楼北侧正中凸出楼梯间，可登二楼，布置方法已属近代布置方法。底层檐下，用"盘长"图案省替，亦属少见。楼内有对联一副："看十二处奇峰依旧，遍寻云虹雪月溪山，最爱轩前千岁柏；喜七百年名迹重新，好展朱赵倪徐图画，并赓元季八字诗"。联中"朱赵倪徐"是指朱德润、赵善长、倪云林、徐幼文四位名画家。轩中红木家具和字画陈设，皆庄重典雅。此楼所处环境是园中较重要位置，北靠园墙，有两个小天井分别位于楼梯间左右；东面庭院中植有蜡梅、梧桐，西面植有一片竹林，与古五松园隔廊相望。楼南面视野开阔，景色多姿；东南面有海棠形月洞门，可通小方厅；西南面有见山楼耸立，曲廊转折可通荷花厅；正南面与湖石假山形成对景，奇峰林立，石笋挺拔。峰间古柏苍劲，虬根盘结，一株名为"腾蛟"者，树龄已逾百年；有一条小溪名曰"玉鉴"，横于楼前，溪上架弓形石桥，可由此信步而上，走到湖石假山上；登楼而望，园中景色大半在目，还可以俯瞰湖石假山全貌。

（5）古木交柯。"古木交柯"为留园十八景之一。留园中部南墙花坛，靠墙筑有明式花台一个，正中墙面嵌有"古木交柯"砖匾一方。原种植一棵明代古柏，花坛自然生长出一株女贞，与古柏缠绕相生，交柯连理。三十多年前，古柏意外病死，后补种百龄古柏一棵，然女贞已不复存。现在花台内植有柏树、云南山茶各一株，仅二树、一台、一匾，就形成一幅耐人寻味的画面，朴拙苍劲的花树在粉墙、花台、砖匾的衬托之下更显疏朗淡雅，犹如一幅精致的天然图画。而冬春之时，柏枝凝翠，山茶嫣红，虽位于闲庭一隅，却生机盎然，吸引人们驻足欣赏。

古木交柯景点的原涵义是借古柏、女贞凌寒不凋、四季常青的自然特征，抒发文人的风骨和高洁的品格，这一内涵由对联诠释：素壁写归来，青山遮不住。下联引用了辛弃疾《菩萨蛮·书江西造口壁》诗中的"青山遮不住，毕竟东流去"一句，上联的"归来"指陶渊明的《归去来兮辞》，整幅对联的意思是归隐之意已决，官场浮华已不能羁留自己，他将如东流之水，回到该去的地方——一个有精神自由的地方。前框有砖刻"长留天地间"五个字，更是指明精神自由像古柏女贞一样，是青翠不凋、长留天地间的。园主对精神自由的追求十分执着，归隐留园后，一头扎进佛教世界，到超自然世界寻求人格完整的自我。

2. 竹

竹在文人眼里挺拔凌霜雪，清瘦伴寒风，淡泊拒蜂蝶，高洁干云霄，虚心友顽石，聚刚、柔、忠、义于一身，成了深受人们喜爱的审美对象。它具有"虚心、高洁、坚贞、有节"的高尚情操，成为风流名士的理想化身，被比为君子，对中国传统伦理、人格观念的形成起到了积极而重要的作用。正因如此，中国古典园林几乎离不开竹，它是园林中"比德"的重要题材。

（1）翠玲珑。翠玲珑是沧浪亭后部一座极幽静的庭院，其院较为独立，故以单一的淡竹群植成林，无一株其他植物配置其中，其名源自苏舜钦《沧浪亭怀贯之》中的诗句"秋色入林红黯淡，日光穿竹翠玲珑"。夏日坐入林中，丝丝日光经竹叶透入，清凉怡人。馆内的布置都与竹有关，家具雕有竹节图案，壁挂是画竹，墙上的漏窗也是竹节状，墙上有清朝书圣何绍基的竹对："风篁类长笛，流水当鸣琴"。该馆连着几间大小不一的旁室，使小馆曲折，且前有修竹连绵，后有芭蕉迎雨、竹柏摇风，四周绿意盎然，沁人心脾。

仰止亭位于翠玲珑北侧，亭内石刻刻画与苏州有关的名宦士人晚年在沧浪亭的生活片段。《诗经·车辖》云："高山仰止，景行行止。"仰止亭取其意，表示对这些苏州名贤的高尚道德的仰慕崇敬，并借翠玲珑一片竹子夸赞这些名贤的品格，仰止亭内对联可以为证："未知晚年在何处，不可一日无此君"。翠玲珑、仰止亭历来为文人墨客雅游、静观、觞咏、作画之地，以示清高。

（2）梧竹幽居。梧竹幽居位于拙政园中部水池东端，为一正方形平面、单檐四角攒尖顶（方锥形顶）的亭式建筑，始建于清代，为中部池东的观赏主景。其名源自唐代羊士谔的诗《永宁小园即事》中的"萧条梧竹下，秋物映园庐"一句。此亭外围为廊，红柱白墙，飞檐翘角，背靠长廊，面对广池，旁有梧桐、翠竹。亭的绝妙之处还在于四周白墙开了四个圆形洞门，洞环洞，洞套洞，在不同的角度可看到重叠交错的分圈、套圈、连圈的奇特景观。四个圆洞门既通透雅致，可用来采光，又形成了四幅的美丽框景画面，意味隽永。东则粉墙黛瓦，长廊迤逦，透过长廊上的不同花窗，可窥探到拙政园东部的自然之景；南望则是"小桥流水人家"，好一派江南风光；西看却又是一幅完全不同的景象，古木、碧莲、山光物态，尽收眼底；北面则有丛篁高梧、幽亭修廊远映。这种有意识地设置的门窗、框洞因能遮挡和引导人的视线，使经过选择的精美景物进入视野，形成一副宛如经过剪裁的图画，在造园上称为"框景"，即清代李渔所谓的"尺幅窗""无心画"。

亭内"梧竹幽居"匾额为文徵明题。"爽借清风明借月，动观流水静观山"对联为清末名书家赵之谦撰书，上联写人与清风明月为伴、与自然和谐相处的情境；下联则水和山，一动一静相互衬托、对比，相映成趣。梧竹周围以不规则石板铺地，暗示为山的余脉，有高士隐居之意。

（3）竹外一枝轩。竹外一枝轩位于网师园水池东北，其名取自宋代苏轼《和秦太虚梅花》中的"江头千树春欲暗，竹外一枝斜更好"一句。轩为卷棚硬山屋顶，东西狭长三间，临水面设吴王靠坐槛，远望似一叶小舟。轩前松梅横斜，互相呼应。更妙的是，竹外一枝轩的建筑本身微呈斜势，梅的姿态、轩的姿态，相互映衬。轩后月洞门的小庭内，有两丛摇曳生姿的竹，洞门两侧辟有两个矩形洞窗，窗内竹影如画，轩内有抱柱竹联"护砚小屏山缥缈，摇风团扇月婵娟"，如在轩中读书赏月，亦为赏心乐事。

轩后为集虚斋，是一个高大的二层建筑，与竹外一枝轩一高一低，造成参差错落的景观。集虚斋之名取自《庄子·人间世》"唯道集虚，虚者，心斋也"，意即清除思想上的杂念，让心头澄澈明朗，为修身养性之所，是园主之读书处。斋内壁挂、装饰皆为水墨画竹，象征园主人虚心、高洁、坚贞、有节的高尚情操。斋前植青翠的慈竹两丛，有花窗相映，冬景如画，与竹外一枝轩相映成趣。

（4）个园四季假山。个园建于清代中叶，是一处典型的私家园林。因园主爱竹，园内遍植竹子，因竹叶的形状像"个"字，故以"个园"名之。个园初成时，竹为主景，幽篁满园，随着历史的发展、时代的变迁，部分园景被毁损，现在园内的竹子多为1985年补栽，有21个品种。

四季假山是个园中别具特色的一处景观。"春山淡冶而如笑，夏山苍翠而如滴，秋山明净而如妆，冬山惨淡而如睡"，植物配置以竹为主，花木配置兼顾四季景观效果，以烘托四季假山，做到不同的季节有不同的景致和寓意。

从住宅进入园林，首先映入眼帘的是月洞形园门。门上石额书写"个园"二字，园门两侧花坛上挺拔雄伟的刚竹瘦劲孤高，豪迈凌云，竹枝青翠，枝叶扶疏之间几枝石笋破土而出，好似雨后春笋，带来了春的气息，特别是春天竹笋长出之际，真假竹笋相映成趣，呈现出一派春意盎然的景象。主人以春景作为游园的开篇，想是有"一年之计在于春"的含义。透过春景后的园门和两旁一排典雅的漏窗，又可瞥见园内景色，楼台、花树映现其间，引人入胜。

在抱山楼的西前侧是一组玲珑剔透的湖石假山，背北朝南，阳光充足。山上古树林立、山中幽谷森森、山底清潭冷澈，曲桥水流悠缓，假山倒影成群，有如夏雨初晴景象。池内睡莲点点，丰富了水面层次，"映日荷花别样红"点明了"夏"的主题意境，也呈现出一派江南风光。夏景的竹运用的是水竹，其形纤巧柔美，与玲珑剔透的太湖石相配，相得益彰，形成了清丽秀美的夏季景观。

在园东，用黄石叠砌，山峰峻峭，颇似深秋色调。西北角有一小亭。山中有飞梁石室，内置石桌、石凳，外为小院，可仰视峰石。山南建"住秋阁"，山间阵阵轻风送爽，平添秋意。秋山植物以竹和秋色叶树种为主，四季竹不耐寒，受冻后枝叶飘零，让人明白秋天似乎真的到了。半山腰配以古柏、黑松，以添北方雄浑之气，且黑松造型优美，貌似黄山松，黄山二绝——奇松、怪石在这里展现。

冬山在园东南透风漏月轩前，用宣石叠成，背南面北，参差起伏。因石中含石英，遍体闪现白光，犹如一堆残雪。山后北墙开四个圆洞，东北风吹来，呼啸有声。景观的创造俱见匠心。游客一进小园子，斑竹便映入眼帘。斑竹也叫湘妃竹，"斑竹一枝千滴泪""竹晕斑斑点泪光"，冬天凄惨悲凉之感油然而生。冬景又以竹、梅为主要配植材料，南天竹枝叶发红，叶形小巧精美；素心蜡梅傲雪怒放，花香袭人。"月映竹成千个字，霜高梅孕一身花"是冬景极好的写照。

3.梅

梅苍劲挺秀，香气清幽，为我国花木中的珍品，素有"花魁"之誉。梅的苍劲枝干、清淡神韵、刚毅精神和崇高品质，历来受到人们所喜爱。园中植梅，以梅为景，应时赏梅，诗文赞梅，已成为古代文人的雅

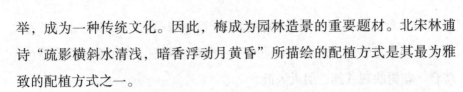

举，成为一种传统文化。因此，梅成为园林造景的重要题材。北宋林逋诗"疏影横斜水清浅，暗香浮动月黄昏"所描绘的配植方式是其最为雅致的配植方式之一。

（1）问梅阁。问梅阁位于狮子林西部，阁名取自王维诗《杂诗三首·其二》："君自故乡来，应知故乡事。来日绮窗前，寒梅著花未？"早在元代，已建有此阁，后贝润生重建，沿用旧名。建筑背靠园墙，面对池水，地势较高，南北均与长廊相连，采用重檐歇山顶。阁顶暗置水柜蓄水，可以将水流导向山石之间，形成瀑布，瀑水一泻而下，一跌五折，湍急的水流、潺潺的水声、危岩似的涧山、两旁摇曳的苍林碧藤形成独特景观，自然界的五叠泉在这里被完美模拟。

阁中有"绮窗春讯"额，额下扇屏门上均是描绘梅花的国画和关于问梅阁的古诗，由北向南依次是谢孝思画红梅、钱太初书元人涂贞的《问梅阁》、张继馨画白梅、瓦翁书清人曹凯《师林八景·问梅阁》、王西野画墨梅、吴进贤书清人吴翌凤《狮子林十二咏·问梅阁》，紧扣阁名。桌椅、藻井、地面均用梅花形图案，窗格采用冰梅纹，阁外梅树数株，叠石层层，下临一池水，可远眺园东景色，是游客逗留观赏的极好位置。

（2）暗香疏影楼。暗香疏影楼位于狮子林西北，在问梅阁东北侧假山上，为二层楼房。楼名取自宋林逋《山园小梅》中的诗句"疏影斜横水清浅，暗香浮动月黄昏"。此楼平面布置和造型都很特别。底层游览路线上，仅为一稍宽之敞廊，面对着石舫，北面用墙隔开，不能相通。廊东端沿楼梯而上，有五间楼房，走廊直接连通假山，可通向飞瀑亭。空间上高低变化，成为升高游线的一个重要转折点。造型上一反常规，楼梯间东面四间，呈硬山式样，二楼出挑，设统长窗扇和花饰栏杆；楼梯间西面一间，采用歇山卷棚，亭半顶式样，两者巧妙结合，浑然一体，轮廓优美，形成全园西北角的边界。楼前有山石池水，疏梅之影横斜，倒映在清浅的水中，黄昏时分月上枝梢，有暗香浮动，正合"暗香疏影"
之名。

（3）闻妙香室。闻妙香室位于沧浪亭假山东南角，是个僻静的小书
房。其名取自杜甫《大云寺赞公房四首·其三》中的"灯影照无睡，心
清闻妙香"。"妙香"，特指佛寺所用令人脱俗的香料。杜甫诗描写的是
肃穆的古寺之夜，灯光照着打坐未睡的诗人，周围静谧宁馨，阵阵香气
扑入鼻中，心中尘俗倏灭、凡念顿消。这是香气寂然、遗世脱俗的空寂
境界。此室原为园主读书之处，周围环境僻静。庭南为一封闭式小园，
有翠竹一丛。庭北平地上有梅树十余株，早春梅花初放，含苞亦香，暗
香浮动，沁人心脾。额名点出赏梅之趣，又体现出园主人品位脱俗。

（4）雪香云蔚亭。雪香云蔚亭又称冬亭，位于拙政园中部的土山上，
为一长方形小亭，外观质朴而轻巧。此亭亭旁植梅，暗香浮动，适宜早
春赏梅。周围竹丛青翠，林木葱郁，绕溪盘行，颇有城市山林的趣味。
因在梅林中建亭，又都在湖中岛上，位置极佳，梅林之北尚有乔木散生
成林，隔湖南望是园中正厅远香堂，亭与堂可互成对景。

雪香是从唐代诗人韩偓《和吴子华侍郎令狐昭化舍人叹白菊衰谢之
绝次用本韵》中的"正怜香雪披千片，忽讶残霞覆一丛"，宋代诗人苏
轼《月夜与客饮酒杏花下》中的"花间置酒清香发，争挽长条落香雪"
等诗意启发而来，"香雪"是对梅花洁白的描绘，宋代卢钺《雪梅》中便
对梅与雪进行了比较，认为"梅须逊雪三分白，雪却输梅一段香"，"香
雪"二字正是梅花的绝妙形容。"云蔚"则直接引自北魏郦道元《水经
注》"交柯云蔚"句；《世语新说·言语》中顾恺之描摹会稽山川美景也
有"云兴霞蔚"句。"雪香云蔚"便是对梅花洁白茂盛的概括。

4.桂花

桂花，又名木樨，于中秋佳节人月两圆之时开放，象征团圆吉祥。
在古典园林中桂花成为重要的反映秋景的植物。同时，因"桂"与"贵"

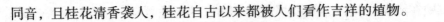

同音，且桂花清香袭人，桂花自古以来都被人们看作吉祥的植物。

（1）小山丛桂轩。小山丛桂轩位于网师园中水池东南岸假山后，轩名取自汉代淮南小山《招隐士》"桂树丛生兮山之幽，偃蹇连蜷兮枝相缭"和庾信《枯树赋》"小山则丛桂留人"的句意。主建筑为一座小巧精致的四面厅，卷棚歇山屋顶，面阔三间，三面回廊。厅南一排花窗粉墙之下，湖石假山，峰石起伏，桂树成丛，秋日竞放，香气蕴郁谷间，久聚不散。桂树间夹杂一些海棠、蜡梅、梅、天竺、慈孝竹等，一方面使其枝相缭，另一方面又丰富了秋景，增添了园景的生动性。轩后有云岗，为黄石堆砌的假山，古朴自然，置身其中，宛如身临深山幽谷之间。轩东侧有拱桥，小巧别致，两岸陡峭，岩壑深邃。

轩内正中央有清代何绍基所撰对联"山势盘陀真是画，泉流宛委遂成书"，其成为小山丛桂轩周围景物的形象写照。人在轩内，四面置窗皆成景：南对湖石小山，丛桂飘香；北置冰梅纹圆窗，云冈黄石假山屏立；东侧山涧溪流，并在住宅墙面上巧妙地以攀缘附壁的木香形成春景画面；西边曲廊和蹈和馆之间，羽毛枫入画，室内外空间融为一体，虽在室内却仿佛置身于园景之中，使人赏心悦目，心胸畅朗。

（2）闻木樨香轩。闻木樨香轩位于留园中部水池西侧，是一座贴近云墙，平面呈方形，三面坐槛，屋顶为卷棚歇山顶的小轩。两翼有蜿蜒曲折的爬山走廊，分别与南北的涵碧山房和远翠阁相连。轩周围桂树成丛，峰石林立，根据植物造景称为"闻木樨香轩"。此处以嗅觉造景，每值中秋佳节，桂香浮动，令人陶醉，流连忘返，营造出了轩前对联"奇石尽含千古秀，桂花香动万山秋"所描绘的意境。这里的地理位置适宜桂花发挥其花香馥郁的特点，花香弥漫于山水庭院之中，强化了小中见大的造园效果。

由于闻木樨香轩位于中部最高处，在轩里四周景色可尽收眼底：池东南岸多建筑，涵碧山房、明瑟楼、绿荫轩、曲溪楼、西楼、清风池馆等高低大小不同的园林建筑，沿着池岸灵活地配置，形成层次丰富、造型优美的园景；池西北岸皆山林，石包土山，峰峦起伏，中涵山涧。银杏、桧柏、香樟、桂花、紫薇等，古木森森、花木茂盛，呈现古朴自然的山林景象。两者形成"自然"与"人工"的巧妙对比，又互为对景，充分体现留园的"泉石之胜、草木之美、亭榭之幽深"。

（3）清香馆。清香馆位于沧浪亭，又名"木犀亭"，南宋韩世忠所题，额名取自李商隐《和友人戏赠二首·其一》"殷勤莫使清香透，牢合金鱼锁桂丛"诗句。清香馆与五百名贤祠一墙之隔，南北而筑，面阔五间，为园中大型建筑之一。馆南庭院呈半圆形，与别处不同，馆前有一道漏窗粉墙，使其自成院落。院内植有桂花数株，苍老古朴，虬枝盘旋，已是百年以前物。每逢金风送爽之际，丹桂吐蕊，清香四溢，常使游人驻足徘徊，感受那沁人心脾的馥郁芬芳。

馆内家具皆为根雕所制，坑床栏板、椅几桌架无不精工细作，造型别致生动，加之四周的宫式合窗、落地长窗都镶以玻璃，每值中秋佳节，这里清香浮动，窗明几净，是小憩的绝佳场所。

5. 荷花、芭蕉

荷花别名芙蓉，李白曾以"清水出芙蓉，天然去雕饰"来赞美荷花。周敦颐在《爱莲说》中写道："水陆草木之花，可爱者甚蕃……予独爱莲之出淤泥而不染，濯清涟而不妖……香远益清，亭亭净植……莲，花之君子者也。"其赞美荷花除了能够在污浊的环境中保持自己纯真的本性外，还具有亭亭玉立的姿态和沁人心脾、香清幽远的芬芳。于是，荷花被认为是廉洁朴素、出淤泥而不染品格的象征，成为文人雅士心中清洁高雅、洁身自好的象征。芭蕉叶如巨扇，翠绿秀美，盛夏能遮天蔽日，给人以清凉之感，自古就有"芭蕉孕凉南国风"的说法。春天芭蕉根际生出许多新株，可分株繁殖。芭蕉叶片嫩绿、荫浓，有孕风贮凉之功。在古典园林中荷花常与芭蕉配植，形成独特的雨天景观，极具诗情画意。

（1）听雨轩。听雨轩位于拙政园中部，是一个园中园，因其隐蔽，独得一片幽静的小天地。其名取南唐李中《赠朐山杨宰》中诗句"听雨入秋竹，留僧覆旧棋。得诗书落叶，煮茗汲寒池"。轩前庭院布置一小水池，池荷绿映满院，池畔植芭蕉几株，更兼翠竹数杆，大块绿色在青砖铺地映衬下显得鲜艳夺目，其为庭院主色调。轩后亦配植芭蕉、修竹。芭蕉、荷叶均是肥硕绿叶，雨滴滴在叶上，滴答有声。人倚窗栏边、漫步廊檐下，静听雨声细察景，真是"蕉叶半黄荷叶碧，两家秋雨一家声"，别有一番风味。

室内竹帘掩窗，中置红木棋桌一张，正应了"留僧覆旧棋"的句意。沿墙博古架上摆着瓷器等物品，书架上放着诗书，布置富丽雅致，弥漫着文化气息，令驻足者心灵澄澈。

（2）远香堂。远香堂是拙政园中部的主体建筑，堂名取周敦颐《爱莲说》中"香远益清"的名句，借荷花的品格来象征园主的人品。

远香堂是一座四面厅，平面为矩形。南北为主向，开有一列落地长窗，东西两面亦是，但一般均关闭，这一四周为窗的做法在古典园林营造学上称为落地明罩，能使厅堂内非常空透，方便赏景。堂之南数步是一泓清池，其间一色清雅花砖铺地，池边栽广玉兰数株，枝叶扶苏。池上架一座小桥，跨水而去，通向彼岸的黄石假山和曲廊。山岩古拙，古榆依石，幽竹摇曳，坐厅中南望，是一处自然古木竹石小景，看不出明显的入口腰门，堪称园林造景上"隔"的大手笔。堂北向跨出长窗下槛，便是临水的大月台，台石砌，扑入水中，粼粼清波直接台下，夏日满池荷花，花蕊锦簇，翠盖凌波，流风冉冉，"三千莲媛总低头"，清香随微风送来，越传得远越觉清淡怡神，真是"花常留待赏，香是远来清"。当人们获得感官愉悦的时候，也使心灵得以净化。

堂内装饰透明玲珑的玻璃落地长窗，规格整齐，由于长窗透空，四周各具情趣的景物，山光水影，尽收眼底，犹如观赏山水长卷。

（3）留听阁。留听阁位于拙政园西部，隔水与东南方主建筑卅六鸳鸯馆相望，西面跨小路有长林修竹，环境极清幽。其名取自李商隐《宿骆氏亭寄怀崔雍崔衮》中的诗句"竹坞无尘水槛清，相思迢递隔重城。秋阴不散霜飞晚，留得枯荷听雨声"。在此特定环境下，水中植荷若同远香堂和卅六鸳鸯馆北面水中的荷花一样，用来赏花，就有重复之感，缺乏新意。因此，选用别具新意的诗格，按诗格取裁造景。李商隐原诗意谓秋日阴雨连绵，不能出游，所幸池中尚留残荷，还可聆听雨打枯叶的声响。此阁前有平台，面临荷池，池中有白荷，阁北有一片竹林。在萧瑟的秋日里，又值秋雨如丝，碧荷初败，倚栏静听，细雨打在枯荷、竹叶上，淅淅沥沥，组成一曲大自然美妙的乐章，别有一种冷清萧瑟的诗情。正如陆游《枕上闻急雨》诗云："枕上雨声如许奇，残荷丛竹共催诗。"这里将自然界中的声音纳入观赏范围，自有一种天然妙趣。此外，晚秋残荷象征园主内心坚贞不败的精神。

小阁建筑及装修极为精美，南向临平台为银杏木透雕的飞罩，其纹样为松、竹、梅、雀，构图匀称，手法精妙，隔扇裙板上雕刻蟠螭纹，这类图案级别甚高，似为当初太平天国忠王府之遗物，阁内原先还陈列养闵派著名工艺嵌螺钿雕漆屏风十二扇，现已佚。

（4）荷风四面亭。荷风四面亭，亭名因荷而得，坐落在拙政园中部池中小岛，四面皆水，湖内莲花亭亭净植，湖岸柳枝丝丝婆娑，亭单檐六角，四面通透，亭中有抱柱联"四壁荷花三面柳，半潭秋水一房山"，用在此处十分贴切。尤其是联中的"壁"字用得好，亭子是一种开敞的建筑物，柱间无墙，所以视线不受遮挡，倍感空透明亮，虽然无壁，然而三面河岸垂柳茂盛无间，四周芙蓉偎依簇拥，围成了一道绿色的香柔之墙。动人的夸张和丰富的想象使这座岛上的小亭愈发显得多姿多彩、亭亭可人。

亭处于广阔的水池之中，夏日里，四周皆荷，正如清李鸿裔诗中所说的"柳浪接双桥，荷风来四面。可似澄怀园，近光楼下看"，莲叶婷婷，荷蕐嫣嫣，香味清幽，出淤泥而不染的资质，不仅能使人获得视觉、嗅觉等感官享受，还能使人获得精神上的愉悦。风吹墙动，绿浪翻滚，清香四溢，色、香、形俱佳。春柳轻，夏荷艳，秋水明，冬山静，荷风四面亭不但适宜夏天消暑，而且适宜四季赏景。若从高处俯瞰荷风四面亭，只见亭出水面，飞檐出挑，红柱挺拔，基座玉白，像满塘荷花怀抱着的一颗灿烂的明珠。

（二）铺地、窗格、室内装饰等

园林铺地、窗格、室内装饰等图案灵活多变，取材广泛，以花卉植物为主，此外有动物图案、几何图案及文字图案，常具有特定的象征含义，反映人文精神品格。花卉植物图案有菱花、葵花、秋叶、海棠、荷花、芍药、桃、葫芦、石榴、松、柏、牡丹、梅、兰、竹、菊等，表现文人高洁不俗的品质或有子嗣繁荣、吉祥等象征意义。

1. 梅花

梅花姿态优雅，率万木之先，开于冬末，傲骨嶙峋，凌寒独放，象征执着、坚韧，历来为文人所喜爱。狮子林的问梅阁即是以梅花为主题，采用梅花式铺地和窗格，取梅花斗雪吐艳，凌寒留香，铁骨冰心，高风亮节的形象，象征文人的坚贞意志，用以自我勉励和自我标榜。室内的八扇屏门上均是描绘梅花的国画和关于问梅阁的古诗，桌椅、藻井、地面均用梅花形图案。同时，梅花花开五瓣，世人称之为"梅开五福"，象征吉祥，成为园林铺地、窗格、室内装饰的吉祥图案之一。

2. 芍药

古人称牡丹为"花王"，芍药为"花相"，苏州网师园中有一庭院，取名"殿春簃"，而"殿春"则指芍药花，芍药的开花期在春末，所以谓之"殿春"。"殿春簃"前庭院铺地图案为芍药花，室内陈设有关芍药的诗画。芍药是多年生草本植物，羽状复叶，花大而美丽，有紫色、粉红、白色等颜色，自古被列为花中贵裔。芍药花比牡丹淡雅秀丽，更受文人士大夫的喜爱，而且芍药有和五藏、辟毒气功能，古人特别看重"中和得宜"，此为一种哲学精髓，因此芍药有中庸合宜的象征意义。

3. 荷花

荷花又名莲，因"出淤泥而不染，濯清涟而不妖"而被誉为花中君子，园主也常以此寓意自己品德的高尚。魏晋以来，随着佛教的传入，荷花成为圣洁、清净的象征，《园冶》中有"莲生袜底，步出个中来"，佛教曰步步生莲花，寓意走向清净解脱之道，这也应该是园林铺地采用莲花纹的神圣含义。沧浪亭荷花漏窗，象征高贵、纯洁，比喻文人洁身自好的情操。

4. 海棠

海棠花式纹样也常做园林装修纹样，见于铺地和窗格。海棠花花色艳丽，姿态娇媚，有诗云："云绽霞铺锦水头，占春颜色最风流。"海棠花被誉为"花中神仙"，又有"国艳"美称，历来为文人所喜爱。园林使用海棠纹样多展现春天永驻、满园春色的美感。苏州园林中海棠图案样式繁多，组合多样，有不同的美感。例如，拙政园"海棠春坞"铺地为海棠花纹，与庭院内种植的海棠名品相映成趣，借海棠尽展文人风流才华，象征文人的高贵和风雅。

四、植物的文化内涵在植物专类园和主题植物景观中的表现

（一）曲院风荷

杭州西湖的曲院风荷公园位于西湖西北隅，濒岳湖、西里湖，与苏堤遥遥相望，赏荷区宽阔的水面上栽有近百个品种的荷花。"亭亭翠盖拥群仙"的荷池，有水道相连，水上架设着或近水或贴水或依水的六座小桥，人行其中，仿佛行走在荷丛中。曲院赏荷，无论在晴天、月夜还是风雨中都各有其情趣。位于曲院中心的湛碧楼适宜月夜赏荷。楼临西里

湖，湖面清澈宽阔，清风明月夜观赏莲池夜月，澄明雅洁，意境独特。贴岳湖而建的波香亭，则是观赏雨荷的绝妙处。清诗人许承祖的《曲院》曰："白云一片忽酿雨，泻入波心水亦香。"波香亭小如舟，深入绿盖红妆之中，染着荷香的"波心水"，伸手可掬，大有"花为四壁船为家"的意境。曲院风荷中居于园林之北的最高处迎薰阁是登高远视之所，在这里可领略"接天莲叶无穷碧""十里芰荷香到门"的意境。

（二）灵峰探梅

灵峰探梅位于杭州玉泉侧的灵峰山下，是历史上杭州三大赏梅胜地之一，以梅花早开迟谢著称。全园占地 12 hm²，种植梅花 45 个品种 5 000 株。灵峰探梅景点，历史志书称为灵峰寻梅，因当时只有少量梅花，种在山岙的寺院内，赏梅需翻山越岭方能找到。现在的景点按环境划分为"春序入胜""梅林草地""香雪深入""灵峰餐秀"四个园林空间。灵峰探梅以入口处树皮小屋为标志，循石径步入，便是疏枝横斜、暗香浮动、碧草如茵的梅林草地。半山腰设一亭台，从上往下看，百亩梅林尽收眼底，如置身彩云之上，故名瑶台。由此沿山坡拐弯向下走，可见路口有一茅亭，亭额为"百亩罗浮山"。沿两边茂林修竹而上，便是灵峰探梅的主景地段：香雪深处。这里山峦四抱，曲水环绕，修竹叠翠，风景宜人，有洗钵池、掬月泉等古迹，并设置供游人赏梅品茗、写诗作画等的建筑设施。主体建筑笼月楼，院内有"冷香铁骨冰肌"室，陈列灵峰的古碑、经幢和书画，每当香雪飘动，这里透出了浓郁的春意，充分展示了梅花深厚的文化内涵。

（三）花港观鱼牡丹园

杭州花港观鱼牡丹园是我国自然式牡丹园的优秀代表。园中小径回旋曲折，把牡丹园分割成十几个区域，种植数百枝名贵的牡丹、芍药，配置着盘曲多姿的五针松和竹丛。古朴雅致的牡丹亭位于园中的最高处，既可以欣赏灿若云锦的牡丹，又可饱览园中远近美景。园中应用了较多的杜鹃、紫薇、梅花、红枫、黑松等花木。在功能上除展示各种牡丹品种之外，植物配置达到了四季有花、品种多样、丰富多彩的景观效果：在艺术构图上，牡丹品种的种植采取假山园的土石结合、以土带石的散置处理方式，并参照中国传统花卉画所描绘的牡丹与花木、山石相结合，自然错落的画面来布置，突出了牡丹花的姿容艳丽，增添了欣赏牡丹的画意佳趣。

（四）满陇桂雨

满觉陇，又称满陇，位于西湖之西南，南高峰与白鹤峰夹峙下的自然村落中。桂花是杭州的市花。西湖栽培桂花，盛自唐朝。西湖早期诗篇中，每每以桂入诗，入诗的桂花都是西湖北山灵隐、天竺一带寺庙所植。而满觉陇秋赏桂花是明以后才形成规模的。明代中期人高濂《四时幽赏录》中，有一则《满家弄看桂花》，其文写道："桂花最盛处唯南山、龙井为多，而地名满家弄者，其林若墉栉。一村以市花为业，各省取给于此。秋时，策蹇入山看花，从数里外便触清馥。入径，珠英琼树，香满空山，快赏幽深，恍入灵鹫金粟世界。"桂花学名"木樨"，是一种常绿小乔木，性喜湿润，满觉陇两山夹峙，林木葱茏，地下水源丰富，环境宜于桂花生长。这里的山民以植桂售花为主要经济来源，一代传一代，终于造就了这一片"金粟世界"。如今作为杭州市市花的桂花，家家户户皆植，屋前后、村内外、满山坡、路两旁，一丛丛、一片片、一层层，举目皆是。每年中秋前后，几番金风凉雨，秋阳复出之时，满树的桂花竞相开放，流芳十里，沁透肺腑，诚如清人张云敖七言绝句《品桂》中所云："西湖八月足清游，何处香通鼻观幽？满觉陇旁金粟遍，天风吹堕万山秋。"桂花有金桂、银桂、丹桂、四季桂等，花朵细小而量大，盛开时，如逢露水重，往往随风洒落，密如雨珠，人行桂树丛中，沐"雨"披香，别有一番意趣，故名为"满陇桂雨"。

（五）无锡梅园

无锡梅园位于江苏无锡市西郊太湖之滨横山风景区内，南临太湖，北倚龙山，占地面积约 63 hm²，是一个山水型园林，园内遍植梅树，是江南著名的赏梅胜地之一。旧址原是清末进士徐殿一的小桃园，1912 年爱国实业家荣德生弟兄在此购地筑园，称为"梅园"。中华人民共和国成立后，原国家副主席荣毅仁遵先父遗嘱，将梅园献给国家，后几经扩建，成为江南著名的赏梅胜地。梅园倚山植梅，以梅饰山，亭台楼阁点缀于梅海之中，风光十分秀丽。现有梅树八千余株，三百余个品种，著名的有银红、银红台阁、骨里红、小绿萼、复瓣绿萼、素白台阁等。园内以梅文化为主题的梅花景区有洗心泉、天心台、念劬塔、诵幽堂、读书处等众多的"荣氏"人文古迹；又有集天下古梅与奇石于一体，结合中式园林建筑的古梅奇石圃，以梅桩为特色的盆景梅也富有创意，老干新枝，相得益彰，形成了一种古朴高雅的风格。内有中国唯一的梅文化博物馆、岁寒草堂、冷艳亭等建筑，徜徉其间，可以了解梅花的知识，领略博大精深的梅文化，感受梅花人格化的精神。另有情人梅林、梅园香雪、梅画溪、中日梅画观赏园等赏梅景点，令人流连忘返。

（六）北京植物园海棠枸子园

北京植物园的海棠枸子园是建立在北京植物园内部的植物专类园，其功能主要是收集和保存海棠种质资源，但其并没有忽略海棠的观赏作用，故其造景亦是非常经典的，具有极高的园林美学价值。首先来看一下北京植物园海棠枸子园的规划。北京植物园的海棠专类园占地面积 2.2 hm²，1992 年建成开放。该园有 4 个观赏景区：乞荫亭、花溪路、落霞坡、缀红坪。乞荫亭位于该园东侧坡下海棠花丛中，以一清式小木亭（9 m²）为中心，名字来源于陆游诗"……只愁风日损红芳……乞借春阴护海棠"，由石灯点景石组成，周围植以各种海棠。花溪路"溪"指花丛中之路，以路代溪。园路铺装曲线流畅，与周围的海棠花融为一体，似小溪流水，故名花溪路。从乞荫亭沿花溪路西行有一道缓坡，满坡海棠竞相开放，层层叠叠、连绵不断、红白相间，如晓天的明霞，故名落霞坡。缀红坪在落霞坡西，以西山为背景，以雪松、枸子、草地为主景，舒朗开阔的空间中一团团一片片的枸子，形成一道道柔美的林缘线，秋季叶红如霞，红果若繁星，布满其间，故名为缀红坪。由上可知，海棠枸子园的规划整体感比较强，各景点的衔接自然，各具风姿而又浑然一体，而且充分利用所处的自然地貌，与周围环境融为一体。海棠枸子园的规划极有中国传统园林特色，以亭、坡、坪为主要构景点，颇具古典风韵，这也可以说贴合了海棠的古典美。此外，还十分注重与海棠文化相联系，遵循文化建园的原则，根据含海棠的古诗来造景，营造应诗而生的景点，颇能营造意境，并能利用其开展广泛的科普宣传，以此向游人宣传有关海棠的各种科学知识以及海棠所蕴含的中国古典文化。

（七）北京紫竹院公园

紫竹院公园位于北京西北近郊，海淀区白石桥附近，北京首都体育馆西侧，因园内有明清时期庙宇福荫紫竹院而得名。其是中华人民共和国成立后新建的大型公园，始建于 1953 年。全园占地近 48 hm²，其中水域面积 16 hm²，南长河、双紫渠穿园而过，形成三湖两岛一堤一河一渠（长河与紫竹渠）的基本格局。

紫竹院公园以竹景取胜，公园旨在进行竹文化传播，设计精美，布局新颖。模山范水，求其自然，掇石嶙峋，精心安置，亭、廊、轩、馆错落有致，修竹花木巧布其间，举目皆如画，四时景宜人。春暖风篁百花舒，夏荡轻舟荷花渡，秋高芦花枫叶丹，冬日瑞雪映松竹。公园中部有青莲岛、八宜轩、竹韵景石、明月岛、问月楼、箫声醉月；西部有报恩楼、紫竹垂钓；南部有澄碧山房及儿童乐园；北部的筠石苑有黛瓦、棕柱、白粉墙、飞檐、花漏窗，小桥流水竹片片，花木扶疏山水旁，独具江南特色，内有"清凉罨秀""水竹坞""筠峡""翠池""友贤山馆""斑竹麓""松筠涧""竹深荶净""筠香楼""梦溪"等景观，其竹景色各异。其中，"筠石苑景区"位于南长河北岸，占地600余亩，是紫竹院公园的"园中园"。

五、植物的文化内涵应用于园林造景方面的创新建议

古典园林中的植物文化精粹，如何为当今的现代园林规划设计和建设所用，如何在全新的场所中诠释？如何结合新时代对园林建设的需求，促使植物景观在当今园林中发挥更好的作用，在改善生态环境的同时，培养人们高尚而美好的情操，在潜移默化间传承源远流长的优秀的中国传统植物文化？上述问题都是迫切需要人们去探索和解决的问题。人们要注重在园林规划设计和建设中丰富和创新植物文化的表达形式，利用高新科技和现代传达方式，满足快节奏和互动性等现代人的需求，并且与时俱进，注重挖掘植物的新的精神、文化和科学内涵。如果不重视创新，以满足年轻一代的需求，激发其对传统植物文化内涵的兴趣，文化传承的中断就不可避免。

（一）丰富和创新植物文化的表现形式

从植物材料的人文内涵来看，古典园林常常赋予花木以人性，这些都是利用植物的姿态、气质、特性给人的不同感受而产生的比拟联想，即将植物人格化了，从而在有限的园林空间中创造出无限的意境。现代园林若能在满足生态功能的前提下，选用一些我国传统园林所使用的植物，赋草木以情趣，则会使人们更乐于亲近自然、享受自然、热爱自然，也能让景观作品更有意境。但需注意的是，古典园林的园主是皇室、贵族，这些人深谙诗词文理，同时受写意山水画的影响，欣赏以较少的植物材料点景的形式。现代城市绿地是为大众服务的，是城市环境的组成

部分，植物文化已经被赋予了新的内涵和特点。因此，现代园林在植物材料的选择上应突破古典园林的局限，注重植物造景的多样性和乡土性。与此同时，要建设植物专类园，定期举行花卉展览和花节，这对弘扬植物文化、创新植物文化表现形式，带动相关产业的发展有着重要的意义。

（二）丰富和创新植物景观的意境创造方式

从植物景观的意境创造来看，有用写意、比拟和联想等手法来创造更为深邃的意境的，也有用匾额、楹联等形式来点明立意的，这些手法的运用并不因为时过境迁而不再适用，反而由于新材料、新技术、新工艺的出现，而可以发扬光大，组织出丰富的空间。而所运用的诗词也并不局限在古典的诗词歌赋的范围内，现当代一些优秀文学家的描写植物的经典词句也可以充分利用。现代人的审美心理已不同于建造古典园林的士大夫们，现代园林植物景观所营造的意境、所要表现的主题要在传统意境和主题的基础上加以发展，发掘出更多符合现代人审美情趣的意境。植物造景中的意境和主题也不应仅来源于诗词、绘画，科学、生态也可以成为植物造景意境、主题。

现代园林的植物造景不仅要挖掘古典园林植物造景艺术与文化内涵，更要结合时代特征，借鉴古典园林植物造景的"意匠"，好的植物景观必须具备科学性与艺术性，既要满足植物与环境在生态适应上的统一，又要通过艺术构图原理体现出植物个体及群体的形式美，及人们在欣赏时所产生的意境美。

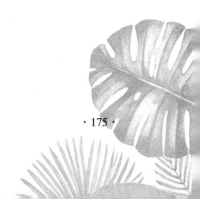

第二节 低碳理念在园林植物造景中的应用

一、低碳理念概述

如今，温室效应使得大自然灾害不断发生，冰川融化、海平面上升、生物多样性减少等问题日益严峻，这些问题都是高碳工业时代的产物，低碳理念就是在这样复杂的背景下产生的。

1992 年的《联合国气候变化框架公约》可以说是世界上第一个针对温室效应、二氧化碳排放的国际性协议，也成为后续类似国际组织协议的基础框架，自此，低碳理念开始为人所知，并逐步深入人心。

"低碳"中"碳"是指二氧化碳气体，"低碳"顾名思义就是尽量减少二氧化碳的排放。

二、低碳园林景观设计的科学性

低碳园林景观设计的科学性主要表现在以下几个方面。

第一，由于植物不仅自身具有对水分和阳光吸收和蒸腾散热的降温作用，还具有绿量和植物群落间层次关系，可有效覆盖地面，改变热辐射反射率，形成城市生态系统内热能动态收支平衡，维持生态平衡，改善城市环境，保证城市生态环境的可持续发展。因此，借助城市低碳园林的建设，可以净化城市空气，调节城市温度、湿度，防范风沙，降低噪声，吸收二氧化碳，维持碳氧均衡。

第二，以最合理的投入获得最大的综合效益，以满足人类合理的物质需求和精神需求，从而促进人与自然的和谐相处，同时还能起到宣传教育作用，倡导低碳理念，提升公众环保意识。

第三，最大限度地节约各种自然资源，提高资源转化利用率。

三、低碳园林景观设计的理念

（一）生态优先的低碳景观设计

生态优先是将生态的理念与低碳的理念充分结合，整体控制好软硬景观各要素的比例，保证其具有观赏性和相应的使用功能，同时还应提高绿地率、密植度，充分发挥植物的固碳作用。该理念设计具有以下几点原则。

1. 保护性设计原则

在低碳景观设计中，要通过充分的调研和合理的分析，最大限度地减少对原有自然环境的破坏。对不可再生资源必须加以保护和节约使用，但是即使是可再生资源（动物栖息地、森林、水源等），其再生能力也不是无限的，设计中必须充分地保护原有的植被、湖泊，优化景观结构，可采用多种科学的设计手法使自然景观和人工景观相融合，使对自然生态系统的破坏程度降到最低。

2. 地域性设计原则

我国地域辽阔，从南到北，地形地貌、季节条件以及生态系统相差甚远，文化背景及审美、风俗民情更是千差万别。因此，景观设计中要把地域性放在重要的位置。尤其是北方区域，四季分明、风沙大且冬季持续时间较长，适合生长且固碳效率高的植物种类和南方地区不同，所以植被的设计不能照搬南方地区的方案。要在充分调研的基础上根据地域特点选择、运用和开发植物种类和景观材料，合理设计景观形式、种植密度以及乔灌木比例等。

3. 自然及补偿性设计原则

自然优先性的设计原则集中体现了生态设计在作用于环境时对自然环境的尊重与避让。也就是说，生态设计的目标之一就是把对环境的破坏控制在最低程度。在此基础上，要使人们逐步了解相关的生态知识，对所居住的环境中的自然过程要逐步去熟悉、去认知，从而逐步参与生态环境保护。

在景观设计中要有意识地尽可能地恢复那些被破坏的生态环境，这是对大自然的一种补偿，也是减小碳排放的重要举措。土地资源是不可再生的，但是土地的利用方式和其属性则是可以变化的，所以景观设计者对节能减排要有长远的考量，或许这会增加设计和建造的难度，但却是必要的。

对建成的景观，也要对景观进行全面的评价与分析，通过研究讨论确定长远期管理维护的合理方案。

（二）可持续发展的低碳景观设计

景观的可持续发展要以生态理论为指导，与自然环境相结合，在尽量少地消耗自然资源的同时，最大限度满足人们的需求。它是以保护自然的思想去指导景观设计，以自然、生态为根本进行景观设计的。在可持续发展的低碳景观设计或工程实践中应遵循以下三个原则。

1.公平性

在可持续发展的景观设计中，公平性原则的提出是为了强调景观资源的公平分配和使用。这涉及景观权益的分配、参与方式的公开以及对不同人群需求的满足等多个层面。

公平性强调景观资源的公平分配。在现代社会，景观资源往往成为城市发展的重要组成部分，公共景观环境包括城市公园、城市绿地、城市广场等公共空间，它们满足了居民休息、娱乐、社交等各种需要。这些空间的存在和质量直接影响居民的生活质量。因此，景观设计需要公平地考虑到所有人群，包括社区的各类居民，尤其是弱势群体，如儿童、老人、残疾人等，他们对于公共空间的需求和利用方式可能与其他人群有所不同。公平性也意味着在景观设计的过程中，应充分保障公众的参与权利，确保所有的参与者都能对设计过程有所了解，对设计方案进行评价。这种公开的参与方式可以确保设计方案更具公信力，同时也更能满足公众的需求。公平性还意味着景观设计应该考虑到不同人群的需求，不仅包括物质层面的需求，还包括心理层面的需求。这就要求设计者从人性出发，深入了解不同人群的需求，创造出既具有实用性，又具有人文性的景观。

2. 共同性

人工景观和生态景观均具有观赏和生态功能。这是它们的共同性，也是人们在设计中需要注意的地方。在实际的景观设计中，这种共同性主要体现在绿色元素的融合和利用上。人工景观设计，如城市公园、广场等，其设计初衷往往是为了满足人们的观赏需求，提供一个舒适的休闲环境，但同时它们对城市生态环境的改善和人类生活质量的提高也具有重要作用。这一点与生态景观，如森林、湖泊等，具有相似的生态功能。

为了实现可持续发展，人们需要让人工景观在满足观赏需求的同时，更好地发挥其生态功能。这就需要人们在设计中，既要考虑景观的美观性，也要考虑其生态性。具体的做法是在布局上，力求景观的连续性和完整性，让人工景观也具有自然景观的结构和功能；在材料的选择上，倾向于选择本地的、适应当地环境的植物种类，这样可以节省资源，提高景观的生态价值。

3. 持续性

持续性既是体现了对自然景观和人工景观之间持久保持和谐关系的追求，也体现了对未来更美好、更宜居环境的期待。

首先，实现自然景观与人工景观的持续融合是可持续发展景观设计的重要原则。人们需要尊重自然，了解和利用自然规律，同时又要充分发挥人的主观能动性，创造出既有自然美感又富有人文精神的景观。这不仅要求设计者具有高超的设计技艺，也要求他们具有丰富的自然科学

和人文科学知识。其次，持续修复是实现景观可持续发展的重要手段。人们应当通过适度的人为干预，使受损的自然景观得以修复，使人工景观逐渐自然化，最终使两者融为一体，形成一个生态、文化、审美价值共存的新体系。两者的融合并不是一蹴而就的，而是需要人们持续努力的。最后，形成新的体系是可持续发展景观设计的最终目标。新的体系不仅仅是自然景观和人工景观的融合，更是一种新的生态模式，一种新的生活方式，一种新的文化形态。这需要人们在设计过程中不断进行创新和探索，寻求最适合的方案。

（三）节约型低碳景观设计

景观层面的节约理念，要从资源的开发和节约能源（包括常规能源及一些不可再生的新型能源）两个方面来体现，确保使用自然资源最少化、生态效益最大化，对社会环境、社会经济都起到一定的积极作用，是一种可人与大自然相互和谐发展的景观模式。

1. 节约现有资源

首先是要尽最大努力提高能源、水资源等生态资源的使用效率，增加循环使用次数，提高利用率。有些新能源技术的使用能够成倍地降低原有能源消耗，而且使用方便，提高了居民生活水平和景观的维护水平，避免了人力和物力浪费。在景观设计、施工建设以及后期维护的过程中，要合理配置资源，使资源的使用效率达到最大化，避免浪费。

2. 注意新能源的开发和保护

在景观设计中应积极利用新型能源，合理地利用当地光能、风能和水资源等，减少碳排放。例如，开发和使用地热能等自然能源，尽管前期有成本增加的问题，但从长期来看，可以大大降低碳排放。

3. 低碳材料的使用

景观设计中应使用一些新型低碳环保型材料。当然在当前形势下，材料良莠不齐、鱼目混珠的情况仍存在，设计师设计时不仅应注意材料是否为低碳环保型材料，还要考虑材料是否易得，使用条件是否具备，避免使用过程中的高成本和浪费。

4. 水的循环再利用

社区最大的碳汇系统是植物和绿地，具有降低噪声、减少灰尘和调节社区环境温度和湿度的作用，所以绿化到位是低碳景观的基本要求。绿地和植物的养护需要一定的成本，除了在植物和绿地景观设计中选择适合当地自然条件的种类之外，绿地系统保水蓄水以及瀑布、涌泉等人工景观的维护也要做节约水资源的考虑。目前，再生水的成本最低，从生态和环保的角度看，污水再生利用有助于改善生态环境，实现水生态的良性循环。用再生水形成瀑布景观和涌泉景观，或来喷灌草坪，符合低碳设计理念，也为大众所接受。

5. 推动生态的良性发展

低碳节约型景观的建设还要有一定的生态效益，如可通过景观设计及建设适当改善一些小气候，积极推动生态环境的良性健康发展，最终让人类与自然和谐相处。

四、低碳理念在园林植物造景中的应用方法

（一）低碳理念在场地基址方面的应用

土壤对于园林植物的生存至关重要，其为植物生长提供所需的营养和水分；反过来植物又能对土壤进行理化改良，两者密不可分，互相联系，相互作用。

在园林景观设计前期，要对场地进行地质勘探、调查和测绘。城市园林建设的场地形式多样，一些场地土壤肥沃、生态群落稳定、水系丰富，足以为生物群落提供一个稳定的生态系统；而有些场地自然土壤和植物群落遭到破坏；还有些场地如工业废弃地、垃圾填埋场等。无论何种场地，都要尊重场地，使干扰最小，保护利用原土地资源，其表现在

以下三个方面。

1. 保护场地内的土壤营养成分

在园林景观设计中，尽量避免对土壤的破坏，增加绿地覆盖率，充分合理利用土地资源。所有绿色植物都需要依附表层土才能生存。表层土是富含养分和微生物，维持植物根部生理活动的重要土层，一般深度在自然土壤上部 10.25 cm。表层土需要上百年的时间形成，表层土如果遭到破坏将严重影响生态系统。因此，低碳理念园林植物景观设计首要考虑的就是对其进行大力保护。

保留场地内的表层土，杜绝清除运走，应将表层土先转移到其他场地集中保护，待完工后移入现场进行覆盖；保护场地内的表层土，减少对土壤团粒结构的挤压破坏，对已被碾压的表层土要进行翻耕恢复；保护场地内的表层土，谨慎进行土壤改良。原有植物已适应原场地内自然形成的表层土壤与场地内的气候条件，土壤改良所需的材料会消耗其他地区土地资源和带来生态环境的改变，有悖于生态可持续发展的要求，应当慎用，仅仅对于那些对土壤有特殊需求的植物进行集中规划布置，应最大程度地保留原场地自然土壤。

2. 对场地内杂草的处理方法

植物在成长过程中，出现杂草在所难免，但是杂草会和植物争抢养分，这样就会导致植物营养不良、长势不好或者枯萎死亡。目前，去除杂草只有人工除草和药物除草两种方法。人工方法一方面无法去除干净，另一方面在去除的过程中也会导致草种的传播。此外，杂草去除后会被当作垃圾处理掉，造成土壤肥力的流失。药物去除杂草会使残余的农药渗入土壤，从而造成环境污染。最好的方法就是采用高效、无污染的方法去除杂草，如用地膜把杂草包裹住，利用日光照射，使温度升高，灼杀杂草，这种做法不仅可以保持土壤的养分，还可以使除掉的杂草变成肥料，为植物提供更多的养分。

3. 在场地设计中提高绿地使用率

提高土地的使用率前提就是在园林景观设计中合理规划场地，做到减少铺装面积，增大绿量，不仅局限于平面空间的发展，更应该大力发展垂直空间绿化、顶面绿化，提高城市人均三维绿量。所谓城市人均三维绿量，是指城市内某区域或空间内三维绿量的总和与该区域或空间内人口总数的比值。三维绿量是所有生长植物中根茎叶所占据的空间体积。人均三维绿量更形象准确地反映了绿化空间的合理性，使生态效应突破绿化平面空间的局限，更大程度上利用绿地空间，有效缓解城市用地矛盾。

由于城市绿地较为分散，结构种类多样，需要在一定区域范围内提高密度，优化种植结构，提高本地乔木栽植比例、垂直绿化覆盖率、屋顶绿化率、城市自然与人工湿地保护力度。因此，合理利用土地、提高绿地率，节约土地资源，遵循自然界植物群落布局和植物生长的自然规律，以生态学的理论为指导，合理划分景观区域，成为将低碳理念运用于园林植物景观设计中的首要任务。

（二）低碳理念在植物选材方面的应用

在风景园林建设要素中，园林植物的种植结构体系与低碳排和高碳汇密切相关。在这个系统中，最理想有效的模式就是减少园林植物在生产、运输、种植及养护管理过程中的低碳排；寻求探索园林植物在类型选择、种植模式、后期养护等方面的高碳汇效应。

植物可以自动调节太阳辐射。植物具有很好的遮阳、防辐射、降温作用，阳光照射到树林上，叶子表面能够反射部分太阳辐射，树冠也能够吸收部分太阳辐射，剩下的太阳光会直接透过树冠投射到地面上。茂盛的树冠能够阻挡并吸收大部分太阳辐射热能，而草坪也可以吸收太阳光，从而大幅降低地表温度，减少了人为降温而产生的能耗。综合考虑叶面积指数与单位面积内叶片的面积，才能够衡量植物种类的固碳释氧能力。单纯一种指标高并不能说明该品种的植物就具有较高的碳汇能力。大量研究表明,乔木的碳汇效益要明显大于灌木,乔木的生命周期长,所以具备长久固碳能力(表6–1)[①]。灌木的生长速度快,但碳固定周期相对较短。速生植物碳汇能力要高于慢生植物。国槐、刺槐、悬铃木、垂柳等都有很强的固碳能力,在进行植物景观设计的时候应了解这些植物的特征,应优先选择高固碳植物。

表6–1 不同植物类型的固碳释氧能力比较

植物类型	平均光合速率值 [mol/ (m²s)]	单位面积固碳量 [g/ (m²·d)]	单位面积释氧量 [g/ (m²·d)]	整株平均固碳量 (g/d)	整株平均释氧量 (g/d)
乔木	5.09	8.06	5.87	429.18	312.13
灌木	8.14	12.89	9.37	169.25	123.09
常绿植物	6.21	9.83	7.05	298.76	217.28
落叶植物	5.80	9.19	6.68	403.64	293.56

另外,要优先选择节水、耐贫瘠、低养护管理成本的本地植物,从而减少后期植物养护的资金。例如,乔木选取国槐、垂柳、青桐等耐旱植物。

在景观种植设计中,要取得好的固碳效应,选择合适的植物类型很关键。这关系否可以实现固碳力的最大化,所以对植物类型的选择要慎重,要充分掌握植物的形态特征、生长习性和管理养护的特点,在进行园林树种配置的时候,应该因地制宜,注重植物种类的选择,以期将园林绿地的固碳释氧效应尽量发挥出来,缓解城市污染问题。

[①] 史红文,秦泉,廖建雄,等.武汉市10种优势园林植物固碳释氧能力研究[J].中南林业科技大学学报,2011,31(9):87–90.

1. 依据乡土树种优先原则进行选择

在植物的选材上要多用乡土树种。园林植物景观设计要优先结合当地的特征，选择本土的植物进行搭配，这样可以充分体现本地的特色，而且树种适应性强，易于存活，抗逆性也得到了提升。所以，不管是从植物配置的基本原则上说，还是从植物种植的低成本、易维护、低消耗上讲，选择乡土植物栽植，可以实现低碳园林的可持续发展。

乡土树种大多栽植于苗圃中，在城市园林建设时，需要把植物从苗圃运到目的地。而在这一过程中，从苗木的生产、起挖、绑扎到吊装和运输需要消耗大量的能量，产生碳排放。与选择外地树种相比较，运用乡土树种可以有效缩短运输距离，降低运输过程中的碳排放，而外来树种成本相对较高，而且不易适应当地土壤、气候、水源。园林植物选择坚持就地取材，是降低碳排放的关键。

2. 依据植物的生长速度进行选择

在园林植物景观设计中，通常要将速生树种与慢生树种进行合理搭配，这是由于生长速度快的树种虽然存活率较高，但是生命周期短，碳汇能力明显高于慢生树种。在园林建设中搭配慢生树种，避免同时出现大面积枯竭的现象，使整个园林时刻维持生机勃勃的状态。两种类型的树种合理搭配，对维护整个生态体系的完整、达到最佳的碳汇效益效果明显。

3. 依照植物的树形大小合理配置

植物的合理配置，要考虑的因素很多，重视树形大小的搭配也是非常关键的。合理配置树形大小不同的植物对丰富植物景观的层次效果显著。例如，乔木和灌木的配置必须考虑大小、比例、位置协调，数量合理，形成丰富的层次，要充分发挥两者的优势，确保各个时期都能展现优美的景观效果。

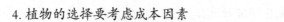

4. 植物的选择要考虑成本因素

特型树在园林植物配置中起到画龙点睛的作用，但是这类树种属于比较稀缺的珍贵的树种，再加上生长缓慢，存活率低，大大增加了成本，所以在选择的时候要慎重。因而，可以采用群植多棵造型优美的小乔木代替孤植树的设计手法，这样既可以降低成本，又可以增加植物的固碳量，在造景的效果上丝毫不亚于孤植。

（三）低碳理念在植物配置中的应用

植物的种植结构和形式是影响碳汇效益的主要因素。乔、灌、草结合的复层结构的植物种植模式，叶面积系数大，单位面积固碳效益高；采用自然式种植方式的植物群落固碳效益高于采用人工式种植方式的植物群落。不同配置方式的绿量指数以及绿量指数与冠幅指数比、绿量指数与郁闭度比均表现为自然式 > 混合式 > 规则式。对植物群落组成结构中绿量特征的分析结果显示，乔木的绿量占有绝对的优势。灌木在设计中的植株数远大于乔木，但是植株低矮，生物量小，所以绿量相对较低。园林绿地中的绿量直接影响植物的固碳释氧效果。不同群落类型中的树木固碳能力存在较大差异，随着层次的增加，植物群落固碳能力明显增加：多层林 > 复层林 > 单层林。

1. 不同配置方式与绿量的关系

采用不同的植物配置方式，绿量指数及绿量指数与冠幅指数比值、绿量指数与郁闭度比均表现为自然式 > 混合式 > 规则式。自然式的配置方式郁闭度小，但绿量指数和冠幅指数相对较大，绿化生态效应也大。

2. 不同林冠层次、林分类型与绿量的关系

混交林与多层林冠层的绿量指数与冠幅指数比和绿量指数与郁闭度指数比，都大于单层林冠层次和单纯林。同一林冠层次和林分类型的绿地，由于植物类型不同，绿量的差异较为明显。

3. 不同疏透度、林带结构与绿量的关系

一般情况下，林带结构相对紧密且疏透度小的绿地，绿量较大。但由于林带的结构和疏透度是以 1 m 高度的林带结构为标准，同一林带结构和疏透度的因林冠层次和植物类型的差异，绿量差异较大。

根据以上分析，可以得出运用低碳理念进行植物配置的方法，是以自然式种植为主，按照大乔木、中乔木、小乔木、大灌木、小灌木以及宿根花卉、地被植物形成多层次结构，品种以本地植物为主，常绿植物与落叶植物混合种植，速生植物与慢生植物搭配应用，彩叶植物与绿色植物协调配置，使绿量和生态效益最大化。

（四）低碳理念在城市园林景观设计立体绿化方面的应用

立体绿化是指在各类建筑物、构筑物的立面、屋顶、地下和上部空间进行多层次、多功能的绿化美化，以改善城市生态环境，拓展城市绿化空间，美化城市景观的一种绿化形式的统称。立体绿化使整个空间通过植物的配置将立面与平面相融合，增大绿化面积，同时起到放氧、吸收 CO_2、降低噪声和美化环境的作用。由于立体绿化最大限度地利用了城市空间，提升了绿地覆盖率，人均占有的绿量也有所增加，比单纯进行绿化更有价值和效果，不管是对改善城市环境、净化城市空气，还是对于城市居民的心理健康调节，效果都是明显的。

1. 低碳理念应用于屋顶绿化

屋顶绿化对增加城市绿地面积、改善生活环境、提高生活质量、改善城市热岛效应和沙尘暴等问题具有重要作用，同时屋顶绿化还对开拓人类绿化空间、建造田园城市、改善居住条件以及美化城市、改善生态效应有着极其重要的意义。屋顶绿化能够对建筑起到保温隔热作用，绿化屋顶夏季室温平均比未使用屋顶绿化的室内温度低 1.3 ～ 1.9 ℃ ；冬季室温比未用屋顶绿化的室温高 1 ～ 1.1 ℃，从而可相对减少空调的使用，降低碳排放。

2. 低碳理念应用于墙面绿化

运用某些植物向上攀缘或者植物向下垂直生长的生长特性，起到美化墙面的作用，充分利用每个角落，达到美化和维护生态环境的目的，如爬山虎、紫藤、常春藤、络石、凌霄或是一些采用壁挂式栽植方式的景天类、观赏草类、藤蔓植物类。墙面绿化对于低碳节能的积极作用在于其可以利用植物对墙面的覆盖及叶面的保护功能、蒸腾功能，缓解阳光直射的灼热，降低墙面的温度，起到相应的保护作用。到了冬季，既不影响墙面得到太阳辐射热，同时附着在墙面的植物枝茎可以形成一个保温层，使风速降低，延长外墙的使用寿命，有效降低建筑的能源消耗，从而减少建筑的碳排放。墙面绿化既提高了城市的绿量，有效地降低了城市的热岛效应，又相对造价低廉，养护方便，是低碳型园林的发展方向。

五、基于低碳理念的城市园林植物造景实例分析——以天津紫云公园为例

（一）天津市紫云公园项目简介

天津市的紫云公园位于塘沽中心区域，地理位置优越，北临经济技术开发区，南临居民生活区，处于滨海新区核心地带，被国家建设部评为中国人居环境范例。紫云公园是利用天津碱厂的工业固体废料——碱渣建的一座占地 33 万 m^2、山体表面积 36 万 m^2 的环保型山体公园，主峰高达 31.9 m。此公园内培植花卉 4 万余株，地被植物 16 万 m^2，种植各类乔、灌木树种百余种 30 万余株，长势葱郁，并有数 10 种鸟类来此栖息。其利用工业废料建设城市公园，不但减少了碳排放对城市环境的影响，更重要的是在城市工业废弃的地区形成大规模的绿化区域，取得了良好的生态效益。在废弃的碱渣堆场上堆山造景，强调景观层次，突出改造后创作出的自然生态内容，强调生态景观同自然题材景观的融合。

全园分成原生景观保护地、生态林景区、带状公园、绿色天际景区、绿语林溪景区、自然之舞景区等 6 个景区，把休闲、纪念、环保、生态与文化有机地结合在一起，构成了该区域的景观标识。

山体公园的建成也给其外部环境带来了翻天覆地的变化，如一条排放天津碱厂冷却水的河道位于在天津碱厂东侧、山体公园西侧，由于对河道的两侧景观进行了整体的绿化改造，现在其已经变成了一条风景优美的景观河。

天津紫云公园的建设具有标志性的意义，它是目前国内乃至全世界唯一一个利用工业废料改建而成的环保型公园。紫云公园是塘沽地区的标志性景观，有效改善了塘沽地区的自然生态环境，为市民提供了一个休闲游憩的生态型公园。

该项目所在区域属于暖温带半湿润大陆性季风气候，四季分明，年平均气温 13 ℃，1 月平均气温 –4 ℃，7 月平均气温 26 ℃，绝对低温 –18.3 ℃。全年平均降雨量 550 ～ 650 mm，主要集中在夏季。

建设紫云公园的场地中有碱渣山，而且其周边地区原为退海地，地下水位高，水质矿化度高，地势低洼。土壤全盐含量在 0 ～ 60 cm 测得值为 3.06%，pH 为 8.2，为重度盐碱地带，且土壤贫瘠。同时，受到海洋因素影响，伴随有飞盐现象，危害植物生长。土壤中原有植物稀少，仅有特殊的盐生植物（如柽柳、盐地碱蓬等）生长。

根据场地自然环境条件，如果土壤中含盐浓度超过 0.05%，绝大多数的植物就无法生长。只有对土壤进行有效的处理和采用耐盐碱植物，才能使植物正常生长。

（二）紫云公园的设计理念

紫云公园的整体设计运用低碳理念和生态学思想，积极建造生态园林、绿色园林，利用废弃的工业污染物来建造海滨城市公园，体现了人与自然和谐相处的主题。通过低碳理念对碱渣山和周边土壤进行有效处理，化腐朽为神奇，利用盐碱山独特的景观效果，合理协调搭配植物、园路、建筑及水景，将原本被破坏的环境变成了绿色园林，构建良好的生态环境，从而对城市环境起到了保护作用。在城市与城郊之间形成良好的区域循环系统，促进空气质量的提高，为生物提供多种生境类型，形成结构合理的复合型的人工植物群落，建立人类和动植物和谐共生的城市生态环境。

紫云公园不但体现了低碳环保的主题，更是把城市边缘的废弃地区变成了生态环保、景色秀丽的绿色地区，恢复了该区域的生态环境，形成了稳定的生态群落，为改善城市的生态环境发挥了重要的作用。

在景观空间规划布局方法上，根据碱渣山的整体地形条件和功能性质，利用一系列营建公园所需用到的元素来对空间进行分割，这些分割出来的空间被规划为别具特色、景色优美的景区，其景观主要有动态景观和静态景观两大类，以动为主，以静为辅，动静结合，相互呼应，别具一格。在园林中，根据不同景点特点，采取不同的措施，如在公园入口处、道路、主体建筑小品等游客逗留较久的地点留出足够的空间，从而满足游客的需求。在草坪、休闲广场等游客游憩的场地，结合场地基址条件和本土植物的特性，运用低碳理念合理搭配景观植物，为游客建造优美的景观，给其带来视觉享受的同时，最大程度地增加绿量，增强区域内固碳释氧能力。

在动观空间中，充分考虑了游人的观赏路线，关注视野范围，营造弯曲、起伏、连续、动静结合的景观空间，进而形成有起点、有结束、有节奏、有高潮、有交替的合理布局。将山水作为主要构成要素。在公园入口处，根据低洼的地势特征，采取了开门见山、湖中堆置假山的景观处理手法，分割了入口广场与后面碱渣山的空间。公园的西侧是排放天津碱厂冷却水的河道，被改造成了景观河，这样公园就拥有了水绕山式地域景观。因借地形特征，设计了一处滚水坝景观，处理后的工业废水自碱渣山中上部层层跌落到山体下部的水池中，水体形态动静对比，具有节奏美感。

（三）紫云公园低碳理念对土壤处理改良的方法

植物景观设计是建立在土壤理化性达标的基础之上的，因此土壤处理和改良是紫云公园植物景观设计的首要解决问题。

紫云公园建设时期，正值周边大片旧楼区改造，房屋拆迁产生了大量的拆房土，这些拆房土一般会被清除倒运到几百千米外，从清理挖掘、装车、运输、卸车到堆放等整个处理过程会造成很高的碳排放，对城市环境造成极大的污染和破坏。设计师以低碳理念为指导，大胆尝试利用拆房土和碱渣山的山势进行景观设计。根据周边距离较短和有大量的拆房土的特点，采取就地取材的方法，利用 28.8 万 m³ 的拆房土作为碱渣山排盐系统的淋层处理，平均铺设隔淋层厚度 0.8 m，与山体走势和高差保持一致，起到了有效隔离、自然排盐的作用。在此基础上，回填 1.5 m 深的客土，以提高种植高程，达到改土的目的。在其他地区采用微地形的处理方法，在地形凸出部分添加客土，相对降低地下水位的高度，同时也丰富了园林空间层次。

在种植设计的植物点位上，对于树穴采用了低碳的材料进行改良，利用秸秆、稻草、树皮等对树穴地表进行覆盖，减少土壤水分蒸发，抑制盐分在地表聚集，同时在树穴内部铺设碎石屑、粗砂、炉灰渣、碎树皮、锯木屑等，然后覆盖客土，有效抑制了土壤次生盐渍化，降低了盐碱土壤对植物的危害，提高了植物成活率。

通过这样的土壤改良措施，紫云公园的土壤理化性已经基本稳定，脱盐效果明显，土壤全盐量平均值为 0.156%，pH 平均为 8.1。

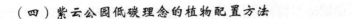

（四）紫云公园低碳理念的植物配置方法

在紫云公园的植物设计中，遵循低碳设计理念，首先在树种的选择上以固碳释氧能力强的乡土树种为主，共应用园林绿化植物 62 种，其中常绿乔木 3 种，落叶乔木 21 种，灌木 17 种，地被及草本类植物 21 种，如白蜡、国槐、毛白杨、垂柳、馒头柳、榆树、臭椿、千头椿等，再配以开花灌木，如西府海棠、紫薇、碧桃、连翘、榆叶梅等，并结合各类花卉和地被，使得园中的各种植物达上万株。以上这些植物对于区域碳氧平衡有着重要的作用，对于气候的调节、净化空气水体、防风减噪这些方面都有着不小的影响。公园的整体建设对植物的配置有着特殊的要求，应在遵循植物的生态习性的原则下，减少人工修剪的痕迹，尽量保持植物的本来面目。

1. 林下空间以地被植物为基调

在整个园林的景观设计中，要以多种植物的协调搭配为设计理念，以宿根类花卉和地被的配置为设计基调。整个园林中除了广场、道路、花坛等之外，其他空地都要以植物造景为主，大量种植宿根类和地被植物、观赏草类植物，延长绿色的覆盖时间，扩大绿色的覆盖面积，丰富林下空间中的景观。

2. 园林景观中乔木的低碳理念配置

在整体园林环境空间构成中，较易吸引人们的视线，且对提高空气质量效果较好的就是大中乔木，但是紫云公园土壤是经过盐碱改良的土壤，大中型乔木在土壤理化性尚未稳定的初期难以存活。为了避免植物资源的浪费，提高植物成活率，快速有效改善周边环境，增加碳汇能力，在紫云公园设计中采取了降低苗木规格、增加种植密度的匹配方法。例如，将常规做法中的一株胸径 10.12 cm 的乔木，换为了 7～8 cm 的规格的乔木，但是数量却是原先的 4.5 倍。通过这样的做法，整个山体植物密度将不断增大，结构多样，再将植株适当"提稀"，将移走后的苗木运用到附近道路、社区或其他公共环境中去，实现就地取材，这样选择的植株对于当地气候和土壤等适应性强，成活率高，有效降低了景观营造过程中的碳排放量。

乔木是改善和提高整个公园环境和空气质量的关键因素，因此在园林规划时一定要考虑乔木与其他植物的分配比例，合理搭配，提高空气质量，创造优美的风景，形成公园的独特风格。在紫云公园的植物的配置中，为了加强整体植物群落的固碳能力，设计中将落叶乔木与常绿灌木搭配、速生树种与慢生树种搭配、高龄树种与低龄树种搭配、常绿植物与落叶植物搭配，大大增强了整体绿化的固碳释氧功能。在公园的空旷草坪上点缀少量的大中乔木，不仅能增加植物群落的美观性，还能减少草坪的空旷感，起到美化园林的作用。

3. 四时花卉的低碳配置

在建造紫云公园大型城市生态型公园时，绿色植物固然重要，但如果从整体的美观性来考虑的话，还应以低碳理念作为植物种植设计的指导理念，增强园林植物景观设计的艺术性，仅在重要节点和局部重点部位栽植大量的容易养管、耐旱的宿根花卉，使景色更加斑斓炫目。

紫云公园的植物景观设计为了使景区效果更突出，园林宿根花卉种植安排在人流相对密集的地带，如广场、湖边等。因为季节特点不同，每种花的花期不尽相同，所以在花卉的种植上采用不同季节开花的宿根花卉和少量的应季花卉来弥补季相景观的不足，使公园数量有限的花卉满足公众长久观赏的需求，对整个公园的景观也起到了烘托的作用。

4. 园林道路的植物配置

在整个园林中，园林道路连接着各个景区，因此应合理搭配园林道路绿地的植物，起到吸引游客的作用。园林道路两旁的植物的功能主要是遮阴和观赏两种，在植物的选择上应以高大树木为主，然后再根据主次干道进行合理的植物配置。树种的选择主要为 107 速生杨、白蜡、国槐、垂柳等，这些树种适合种植在园中相对宽一些的道路两旁。此外，道路两旁可采用合欢、泡桐等作为点缀。这些树木一方面作为高大的绿色竖向背景，丰富了园区的林冠线，另一方面可以为游人遮阴。

在整个园林的植物配置中遵循灵活配置的原则，选用黑松、龙柏作为景观树，彩叶乔木采用了金叶槐、红叶椿、金叶复叶槭等，这些树木具有观赏性，而且这样的植物搭配能形成丰富的季相景观。此外，选用紫薇、石榴、红叶桃等花灌木，再搭配上女贞球、紫叶小檗球等，使整个景观显得层次分明、错落有致、疏密相间，令游玩观赏的人心旷神怡、流连忘返。

第三节　花境在园林植物造景中的应用

一、花境的概念

花境是模拟自然界中林缘地带各种野生花卉交错生长的状态，以宿根花卉、花灌木为主，经过艺术提炼设计成宽窄不一的曲线式或直线式的自然式花带，表现花卉自然散布生长的景观。花境通常选用露地宿根花卉、球根花卉及一二年生花卉，栽植在树丛、绿篱、栏杆、绿地边缘、道路两旁及建筑物前，平面外形轮廓呈带状，其种植床两边是平行直线或几何曲线，内部的植物配置则完全采用自然式种植方式，它主要表现观赏植物开花时的自然美以及其自然组合的群体美。

本书认为，花境的内涵应该包括以下几点。

第一，植物材料以低维护、易管理的多年生宿根花卉为主，并广泛应用花灌木、常绿植物、一二年生草花、球根花卉等多种植物。

第二，在设计形式上呈带状构图，可供一面或多面观赏。

第三，模拟自然界中多种野生花卉交错生长的状态，经过艺术提炼，体现回归自然、生态设计的思想。

第四，花境多结合背景设计，如树丛、树篱、建筑物、墙体、草坪等。

第五，在园林设计中应用，可以起到美化自然景观、分隔空间、组织游览路线等作用。

二、花境的特点

花境是以多种观花植物为主、采用自然斑状的形式混合种植，以充分体现花卉的色彩、季相变化的一种花卉应用形式。它有着不同于其他花卉应用形式的特点。

第一，有种植床。种植床的边缘线是连续不断的平行的直线或有几何轨迹可循的曲线，是沿长轴方向演进的动态连续构图。

第二，花境种植床的边缘可以有边缘石，也可以没有边缘石，但通常要求有低矮的镶边植物。

第三，单面观赏的花境需要有背景，其背景可以是装饰围墙、绿篱、树墙或格子篱等，通常采用规则式种植。

第四，花境内部的植物配植是自然式的斑块式混交，所以花境是过渡的半自然式的种植设计。其基本构成单位是花丛，每组花丛由 5 ～ 10 种花卉组成，每种花卉集中栽植。

第五，花境主要表现花卉群丛平面和立面的自然美，是竖向和水平方向的综合景观表现。平面上不同种类是块状混交；立面上高低错落，既表现植物个体的自然美，又表现了植物自然组合的群落美。

第六，花境内部植物配置有季相变化，四季（三季）美观，每季有3 ～ 4 种花开放，形成季相景观。

由上述可知，植物种类丰富、季相变化明显是花境的一个突出的优点。花境植物材料以宿根花卉为主，包括花灌木、球根花卉、一二年生花卉等，植物种类繁多，有的花境可达 35 ～ 45 种。多种植物混合种植形成的花境在一年中三季有花、四季有景，能呈现一个动态的变化，创造丰富的景观，展现大自然的无穷魅力。

立面丰富、景观多样化也是花境的优点之一。花境中植物高低错落、疏密有致，所创造的立面景观具有多层次性和丰富性，是花坛等单一景观所无法比拟的。营造花境，丰富的植物材料是前提条件，花境中各种花卉的配置比较粗放，也不要求花期一致，但同一季节中各种花卉的色彩、姿态、体型及数量皆应协调而又有对比，整体构图严整。

花境的设计还体现了园林生态设计中乔灌草配置的理念。各种花卉高低错落排列、层次丰富，既表现了植物个体的自然美，又展示了植物自然组合的群体美。其应用不仅符合现代人们回归自然的要求，也符合生态城市建设对植物多样性的要求。

花境在园林中设置在公园、风景区、街心绿地、家庭花园及林荫路旁，可创造出较大的空间，起到增加植物多样性、丰富自然景观、分隔空间与组织游览路线的作用。它是一种半自然式的种植方式，因而极适合用在园林中建筑、道路、绿篱等人工构筑物与自然环境之间，起过渡作用。花境在园林造景中，既可作主景，也可为配景。目前，花境已经从经典的庭园花境发展到林缘花境、临水花境、岛状花境、路缘花境、岩石花境、专类花境等多种形式并存。从应用植物材料看，草本花境是用不同类型的草本花卉来设计，大量的夏季和秋季开花的多年生花卉根据株高组合在一起，运用大胆、清晰的层次排列，形成花境在色彩、形式和结构风格上的对比，以形成整个园林的风格。混合花境以耐寒的宿根花卉为主，配置少量的花灌木、球根花卉或一二年生花卉，这种花境季相分明、色彩丰富，可四季观赏。此外，还出现了针叶树花境，其以松柏类针叶树为主要造景材料，利用其常绿及相对于花卉生长缓慢的特性营造景观，主题明确、景观持续性强。

　　另外，花境的应用还有提高经济效益的优点。由于花境以宿根花卉为主要材料，而宿根花卉具有生长强健、适应性强、不需要精细管理的优点，这样可以节省大量的人力、物力和财力，从而提高经济效益。

三、花境与其他花卉应用形式的区别

　　除花境外，花卉的应用形式还包括花丛、花坛、花台、花带等。

（一）花丛 (flower clumps)

　　花丛是根据花卉植株高矮及冠幅大小之不同，将数目不等的植株组合成从配植阶旁、墙下、路旁、林下、草地、岩缝、水畔的自然式花卉种植形式。

　　花丛重在表现植物开花时华丽的色彩或彩叶植物美丽的叶色。组成花丛的花卉可以是同一类，也可以是不同种类。花丛内的花卉种类不能太多，要少而精，要有主次，形态和色彩要配置好。从平面轮廓到立面构图都是自然式的，边缘没有镶边植物，与周围草地、树木等没有明显的界线，常呈现一种错综自然的状态，散植在树林边缘或道路两侧，任其自然生长开花。花丛常种植于城市公园道路两旁、拐角处、树林边和城市车行道与建筑红线之间。

　　而花境中选用的植物种类非常丰富，有的花境植物种类可达35～45种，多种植物组成的花境在一年中三季有花、四季有景，动态变化。花境边缘有边缘石或是镶边植物，与周围草地、树木等有明显的界线，两边常是平行的直线或曲线，花境具有丰富的立面，植物高低错落、疏密有致，层次分明。

　　在做花丛栽植时多选用外形相近的植物，而在设计花境时宜选用高低不同的植物进行搭配。

（二）花坛（flower bed）

花坛是在具有几何形轮廓的种植床内，种植各种不同色彩的花卉，运用花卉的群体效果来体现图案纹样，或观赏开花时绚丽景观的一种花卉应用形式。它以突出鲜艳的色彩或精美华丽的纹样来取得装饰效果。

花坛通常具有几何形的种植床，多用于规则式园林构图中，具有规则的、群体的、讲究平面图案色块效果的特点，表现花卉组成的平面图案纹样或华丽色彩，表现群体美，不表现个体的形态美。花坛采用的植物材料多为时令性花卉，宜采用一二年生花卉、部分球根花卉和其他温室育苗的草本花卉类，因而需随季节更换材料，并选用花期、花色、株型、株高整齐一致的花卉，协调布置，保证最佳的景观效果。其基本功能是美化、点缀、装饰。

与之相比较，花境平面外形轮廓与带状花坛相似，其种植床两边是平行直线或几何曲线，是一种介于规则式布置和自然式布置之间的花卉种植形式，不但可表现花卉自然组合的群体美，还可展示花卉本身特有的自然美。这种美，包括它破土出芽、嫩叶薄绿、花蕾初绽、鲜花绽放、结果、枯萎等各期景观和季相交换。花境植物多采用宿根花卉，可适当配以少量的花灌木、球根花卉或一二年生花卉。花境中各种花卉的配置比较粗放，不要求花期一致，对植物高矮要求不严，色彩也可不同，但要考虑到同一季节中各种花卉的色彩、姿态、体型及数量的协调和对比，整体构图必须严整，讲究竖向景观效果，还要注意一年中四季的季相变化，使一年四季都有景可观。

（三）花台（raised flower bed）

花台，也称为高设花坛，是将花卉种植在高出地面的台座上形成的花卉景观。花台用砖、石、混凝土等堆砌台座，其内填入土壤，栽植花卉，一般面积较小，主要观赏花卉的平面效果。花台多见于城市街头绿地和交通绿岛以及居住区建筑物的入口处绿地，如广场、庭园的中央或建筑物的正面或两侧。

花境的种植床一般与地面持平，但从排水和观赏效果考虑，常使其具有细微的地形起伏。

（四）花带（flower belt）

花带是花坛的一种。凡沿道路两旁、大建筑物四周、广场内、墙垣、草地边缘等设置的长形或条形花坛，统称花带。现在愈来愈难区分花境与花带，因为花境通常也设计成带状形式，两者的主要区别是花境必须是高低错落的，但花带不必，因而目前很多城市绿地中应用的是花带。和花境相比，花带虽然也呈长带状，沿小路两边布置，但其中应用的植物种类比较单一，缺少动态的季相设计和竖向上的立面设计，自然属性和生态功能并不强，一般不具有植物多样、立面层次丰富、季相变化明显等花境植物所具有的特点。

四、花境的分类及其景观特点

花境的形式多种多样，可以根据植物材料、设计形式、生长环境以及功能等分成不同的类型。

（一）按植物材料分类

1. 灌木花境（shrub flower border）

所用的观赏植物全部为灌木的花境称为灌木花境。所选用的材料以观花、观叶或观果且体量较小的灌木为主，如常年红叶灌木、银灰、斑叶灌木等。

灌木花境具有很多独特的景观特性：常绿的灌木可以一年四季保持景观效果；落叶灌木则可以春夏开花，秋季结果，可以展示不同的季相美；彩色叶灌木更能体现季节的变化，像红瑞木和火棘等灌木，在冬季也有很好的景观效果，大大延长了花境的观赏时间。同时，很多灌木还具有芳香的气味和美丽的果实，能够吸引蜜蜂、蝴蝶、鸟类等动物，为它们提供食物和栖息地，营造出自然界中和谐的生态环境。另外，灌木花境还具有稳定性强、养护管理简单的特点，特别是一些由适应性强且形状自然、株型紧密、生长缓慢的灌木形成的花境，养护管理更为方便，一旦种下即可维持数年的时间。

2. 宿根花卉花境（perennial border）

宿根花卉花境全部由可露地过冬、适应性较强的宿根花卉组成，如鸢尾、芍药、萱草、玉簪、楼斗菜、荷包牡丹等，是一种较为传统的花境形式。

宿根花卉花境具有种类繁多、适应性强、栽培简单、繁殖容易、群体效果好等优点，而且在花期上具有明显的季节性，无论是花朵还是株型都有自然野趣，这也是宿根花卉花境的一大特点。由于不同种类的宿根花卉花期季节性明显，整个花境的景观富于变化，同一个花境在春季可能以白色或者蓝色的冷色调为主，到了夏季也许就会变成以红色和黄色的花色为主，这也使得园艺设计师发挥创意和想象力的空间更大。另外，宿根花卉的品种繁多，因此为设计师提供了更丰富的花朵和株型的选择，有利于设计师创造出多种别具特色的组合。花境花卉主要展现花卉的立体美，那些花朵硕大、花序垂直分布的高大花卉，如玫瑰、蜀葵、美人蕉、楼斗菜、婆婆纳、羽扇豆等，非常适合在花境内种植。

3. 一二年生草花花境（annual and biennial border）

一二年生草花花境应用的植物材料全部为一二年生的草本花卉。

一二年生草花花境的一大特点就是品种丰富、色彩艳丽、具有简洁的花朵和株型、富有自然野趣，从初春到秋末都可以有色彩绚丽的景观效果，非常适合营造具有自然野趣的花境。大多数一二年生的草本花卉的栽培养护管理简单，只要土壤排水良好、阳光充足即可，但要使花境保持完美的状态，要根据不同种类花卉的花期来更换部分花卉，而且每年都要重新栽种，会耗费一定的人力、物力。

4. 球根花卉花境（bulb border）

球根花卉花境内栽植的花卉为球根花卉，如百合、海葱、石蒜、大丽菊、水仙、风信子、郁金香、唐菖蒲等。

球根花卉具有丰富的色彩和多样的株型，有些还能散发香气，因而深受人们的喜爱。多数球根花卉的花期都在春季或初夏，正好可以弥补此时宿根花卉和灌木景观上的不足，因此常被用于春季花境中。但是由于花期较短或相对集中，开花后的休眠期的景观效果相对较差，设计花境时可以选择多个品种或同一品种不同花期的类型来延长观赏期。

5. 混合花境（mixed border）

混合花境主要指由灌木和耐寒性强的多年生花卉组成的花境，是园林中常见的花境类型之一。

混合花境是景观较为丰富的一类花境，通常是以常绿乔木和灌木为基本结构，以耐寒性强的多年生花卉为主体，组成一个小型的植物群落。组成花境的植物的姿态、叶色、花色等在不同的时期会呈现出不同的景观效果，季相变化明显，持续的时间长，同时也符合了植物自身的生态要求。这为园艺设计师提供了广泛的选择空间和创意发挥的空间，使其可以将多种植物集中应用于一个花境作品中，大大提升了花境的观赏效果。

6. 专类植物花境（theme border）

由一类或一种植物组成的花境，称为专类植物花境。例如，由叶形、色彩及株型等不同的蕨类植物组成的花境，由不同颜色和品种的芍药组成的花境，由鸢尾属的不同种类和品种的植物组成的花境，由芳香植物组成的花境等。这种花境的景观特点是花期比较集中，花卉在花期、株型、花色等方面有比较丰富的变化。

7. 观赏草花境（ornamental grass border）

随着观赏草在植物造景中的广泛应用，近年来还出现了由不同类型的观赏草组成的花境。

观赏草茎秆姿态优美，叶色、花序丰富多样，植株随风飘逸，具有动感和韵律，为景观增加了无限风情。观赏草的品种繁多，叶色丰富，花序多样，有的粗犷，有的野趣，有的优雅有正气，有的株型高大，有的低矮小巧，应用起来可以组合出多种形式。中小类型的观赏草成片种植会给人留下难忘的印象，高大的观赏草，如蒲苇等，孤植更能吸引人的目光。由观赏草组成的花境自然，富有野趣，别具特色且管理粗放，越来越受到人们的青睐。但其缺点是春季是观赏草的发育阶段，其景观效果会受到一定的影响。

（二）按设计方式分类

1. 单面观赏花境（single side border）

花境靠近道路和游人的一边，常以建筑物、矮墙、树丛、绿篱为背景，前面为低矮的边缘植物，后面的植物逐级高大，形成一个倾斜的观赏面，使得游人不能从另外一边观赏，这种花境称为单面观赏花境。这是一种传统的应用形式，应用的范围非常广泛。

这种花境通过植物株高的变化，结合背景，为观赏者提供了具有节奏感和韵律感的景观。

2. 双面/多面观赏花境（dual/all side border）

双面/多面观赏花境为可供两面或多面观赏的花境。此类花境多设置在道路和广场的中央，如隔离带花境、岛式花境等，植物种植总体上中间的植物较高，然后逐渐向两边或四周降低，边缘以规则式种植居多，没有背景。

3. 对应式花境（opposide border）

对应式花境是在园林通路轴线的左右两侧、广场或草坪的周围、建筑的四周配置左右二列或周边互相拟对称的花境，当游人沿着道路前进时，不是欣赏一侧的景观，而是欣赏整个园林局部统一的连续景观。

对应式花境在设计上统一考虑，作为一组景观，左右两侧的植物配置可以完全一样，也可以略有差别，但不宜差别过大，这样可以使人产生深远的感觉，还可以将游人的视线引向远处的漂亮景致，如小品、孤植的大树、水景等，给人留下更深刻的印象。

（三）按花色分类

1. 单色花境（single color border）

顾名思义，单色花境就是由单一色系的花卉组成的花境。单一的色系更容易表达设计师的意图。不同的色彩营造的氛围不尽相同。例如，白色花卉会给人宁静、清凉的感觉，粉色花卉会让人感觉温暖、浪漫，蓝色花卉会让人觉得内心平静，而红、黄色的花卉会让人感觉热烈、奔放。在设计单色花境时为了避免颜色过于单一，可以用同一色系但颜色深浅不同的花卉，在株型、质感上也可以有所差别，以形成对比；也可以用不同的叶色来使色彩丰富。

2. 双色花境（dual color border）

双色花境是由两种颜色的花卉组成的花境，这种花境通常会选用花色产生强烈对比和冲突的花卉来作为主要植物，给人以强烈的视觉冲击，像黄色和蓝色的花卉组成的花境或橙色和紫色的花卉组成的花境等。

3. 混色花境（mixed color border）

混色花境是由多种颜色的花卉组成的花境，是应用较为广泛的花境形式。这样的花境较上面两种花境感染力强；但也要主次分明，避免色彩过多过杂，使花境看上去杂乱无章。

（四）按花期分类

1. 单季花境（one season border）

单季花境是为某一特定季节设置的花境，重点展示这一季节植物的景观特点，包括春季花境、夏季花境、秋季花境等。随着季节的变化，植物景观也呈现出不同的效果：春季的球根花卉组成的花境，开花时间较早，在其他植物还处于生长阶段时，呈现出勃勃的生机；夏季的花境可选用的植物材料丰富，因此夏季花境的规模比较大、色彩丰富，展现了夏季的热情奔放；秋季常用各种菊科的植物组成花境，金黄色的花境营造出丰收的喜悦氛围。

单季花境的花期短，因此不常应用于公共场所，多用于公园或私家庭院，以突出展示某一季节的景观。

2. 四季花境（year-round border）

四季花境是指一年四季都可以观赏的花境。每个季节植物的姿态、株型、花色都有变化，营造的氛围也不相同，充分展示了花境植物的季相美，而且可结合观果、观干乔灌木来配置植物，使秋冬季有景可观，以延长其观赏周期。

（五）园林应用形式分类

1. 路缘花境（roadside borde）

路缘花境通常是指设置在道路旁边，具有一定背景，多为单面观赏的花境，可以起到引导游人视线的作用。植物材料可根据环境特点选择，多以宿根花卉为主，适当配以小灌木和一二年生草花等，具有较好的景观效果。

2. 林缘花境（woodlade borde）

林缘花境是指位于树林的边缘，以乔木或灌木为背景，以草坪为前景，边缘多为自然曲线的混合花境。这种花境在立面上实现了由上层的乔灌木向底层草坪的过渡，丰富了林下空间中的景观，使得植物配置更具层次感，而且具有自然野趣，使植物种植更具群体美和生态价值。

3. 隔离带花境（separation borde）

隔离带花境是设置在道路旁或公园中起隔离作用的花境。这种花境在发挥分隔功能的同时，提升了景观效果。植物多采用观赏草和彩叶植物等，可适当增加色彩艳丽的一二年生草花来营造明亮、活泼的氛围，边缘有饰边，花期长且养护管理简单。

4. 岛式花境（island border）

岛式花境是指设置在交通岛或草坪中央的花境。可四面观赏，通常以高大浓密的植物为视觉焦点，四周的植物材料高度逐步降低，形成岛状。岛式花境的体量通常都比较大，这样既可以吸引观赏者的视线，又可以起到一定的阻隔视线的作用。

5. 台式花境（raised border）

台式花境是设置在高床中的花境，床壁可以用石头垒成或用木板等围合成。一般的台式花境规模不大，且植物种类不多；若两个或两个以上的台式花境排列起来，则会显得更有气势。

6. 岩石花境（rock border）

岩石花境是一种模拟岩生植物或高山植物的生长环境，将植物栽植成自然生长状态的花境。岩石花境一般置于阳光充足的山坡或缓坡地带，充分利用植物多样的姿态形成高低错落、疏密有致的景观。植物的柔美同岩石的坚硬形成强烈对比，显得自然天成，使游人仿佛置身于大自然中。

7. 庭院花境（courtyard border）

庭院花境是指设置在私家庭院中的花境，这是花境最古老的应用形式，也是最具个性的应用形式。庭院的主人可以结合小品、铺装，根据庭院的面积大小、环境特征、个人爱好及经济能力来打造花境景观，为自己打造一个美丽而又充满情调的居住环境。

（六）其他分类

除上述常见的花境分类外，依据花境轮廓分类，花境可以分为以下几种。

直线形边缘花境：边缘为直线的花境，多单面观赏。

几何形边缘花境：边缘轮廓为几何形，多用于双面或多面观赏。

曲线形边缘花境：轮廓为自然曲线，多应用于林缘花境中。

自然式边缘花境：没有明显的边界，完全呈现自然状态。

依据光线条件可分为阳地花境、阴地花境。阳地花境是常见的应用形式，其植物材料都为喜阳花卉，而且色彩艳丽，品种丰富。阴地花境可以根据遮蔽程度的不同分为浅阴花境、花阴花境和浓阴花境等。

根据水分条件分类，花境可以分为旱地花境、中生花境和滨水花境。旱地花境多设计在干燥的偏砂质的土壤里，植物多为喜阳耐旱的品种，具有独特风情；中生花境是应用较广泛的花境形式，植物对水分的要求比较适中，因此植物种类繁多，能形成丰富的景观；滨水花境多位于湖泊或溪流的湿地，植物喜水耐涝，品种丰富，结合或静或动的水景构成生机勃勃的画面。

根据经济用途分类，花境可以分为芳香植物花境、药用植物花境、食用花境等，特别是食用花境，除了运用可食用的花卉植物以外，也可以运用一些既可食用又具一定观赏特性的蔬菜。

花境的类型不止以上几种，设计师还可以根据个人喜好或者特定的目的来建造一些具有个性化的花境，如为了特定场合或出于纪念目的而建造的主题花境等。设计师可以充分发挥个人的想象力和创造力，设计出别具特色的作品。

五、花境设计的原则

（一）花境设计的生态原则

1. 以遵循生态学原理为基础原则

生态植物景观至少应包含三个方面的内涵：一是具有观赏性，能够美化环境，创造宜人的景观；二是具有改善环境的生态作用，通过植物的光合、蒸腾、吸收和吸附作用，调节小气候，防风降尘，减轻噪声，吸收并转化环境中的有害物质，净化空气和水体，维护生态环境；三是依靠科学的配置，建立具备合理的时间结构、空间结构和营养结构的人工植物群落，为人们提供一个赖以生存的生态良性循环的生活环境。

2. 生态位原则

在设计过程中，应充分考虑物种的生态位特征、合理选配植物种类、避免物种间直接竞争，形成结构合理、功能健全、种群稳定的复层群落结构，以利于物种间互相补充，既充分利用环境资源，又能形成优美的景观。根据不同地域环境的特点和人们的要求，建植不同的植物群落类型。例如，针对污染应选择抗性强、对污染物吸收作用强的植物种类；针对医疗、疗养应选择具有杀菌和保健功能的种类；水边要选择耐水湿的植物，要与水景协调等。

3. 生物多样性原则

根据种类多样促使群落稳定的原理，要生态园林稳定、协调发展，维持城市的生态平衡，就必须增强生物的多样性。只有丰富的物种种类才能形成丰富多彩的群落景观，满足人们不同的审美要求；也只有多样的物种种类，才能构建具有不同生态功能的植物群落，更好地发挥植物群落的景观价值和生态价值。城市绿化中的花境设计可以优良乡土植物为主，积极引入易于栽培的新品种，驯化观赏价值较高的野生物种，丰富园林植物景观。

（二）花境设计的景观原则

1. 艺术性原则

中国古典园林造景的基本手法有因地制宜、顺应自然、有法无式等，花境的设计原则也是如此。花境景观不是绿色植物的随意组合，而是各种植物具有审美性的配置，是园林艺术的进一步的发展和提高。在花境景观配置中，应遵循统一、协调、均衡、韵律四大基本原则，其原则指明了植物配置的艺术要领。花境景观设计中，植物的株型、色彩、线条、质地及比例都要有一定的差异和变化，要具有多样性，但又要使它们之间具有一定相似性，具有统一性，同时注意植物间的相互联系与配合，体现协调的原则，带给人平静、舒适和愉悦。在对体量、质地各异的植物进行配置时，遵循均衡的原则，使景观稳定、和谐。

2. 设计布局相协调原则

任何园林绿地的建设都需要有明确的主题、完整的艺术构思、科学合理的总体布局。花境通常采用带状布置方式，适合周边设置，可广泛应用于公园、风景区、街心绿地、庭院花园及林荫路旁。此外，作为一种模拟自然的种植形式，花境还适合用于建筑物、道路、绿篱等人工构筑物与自然环境之间。依具体环境，花境可设计成单面观赏、双面观赏或对应式花境。

3. 连续性和完整性原则

花境所采用的植物通常以球根花卉、宿根花卉为主，可以达到一年种植、多年观赏的目的。但因为其花期没有一二年生草花长，在设计时，为了避免因秋、冬季节落叶及炎热夏季部分花卉休眠，而使地面裸露，从而影响景观效果，需要综合考虑，合理布置，即将开花的植物分散在整个花境中，避免部分区域配置的花朵花期过于集中，也可以将常绿的地被植物与宿根花卉和球根花卉种在一起，通过地被植物来解决宿根花卉和球根花卉花期过后景观效果较差的问题，以使花境一年四季都有良好的景观效果。

4. 变化与协调原则

花境的花卉种类繁多，花期有早有晚，各种植物的外观也会随着季节的更迭而发生变化，从而引起花境景观的季相变化，这是花境的特点之一，也是花境最吸引人的地方。因此，在设计过程中应突出花境的季相特色，呈现出移步移景、季季不同的景象，使四季各有特点，组成多样变化的园林空间。

花色和叶色决定了花境色彩。按花色通常分为白色系、红色系、黄色系、橙黄系、紫色系、蓝色系等，色彩搭配是否恰当，直接影响整个花境的观赏效果。如果在种植设计时配合得当，注意季相的变化，又能考虑到花境中各植物同一季节中彼此的色彩、花姿，以及与周围环境色彩的协调和对比，就会形成三季有花、四季常青、色彩斑斓、绚丽多姿的优美景色。

5. 主次、对比分明原则

花境中配植多种花卉可起到丰富植物景观的层次结构、增加植物物候景观变化等作用，从而可以有效提高植物造景的艺术效果。但花境在种植设计时，要有自己的主调和配调。主调数量多、比重大，配调数量少、比重小，体现主从关系。另外，在主调和配调的不同植物材料之间，叶色、质地、株型也要互相映衬和搭配协调。多年生花卉的性状变化很大，有低矮的、蔓生匍匐、圆土丘形的植物，也有植株高耸、呈圆锥形的植物。用大量柔和的圆形性状形成的并列对比可组成立体的平衡组合；用粗壮、心形叶的植株，如斑叶大吴风草，和蜘蛛抱蛋的拱形复叶在结构和形态上的强烈对比，可产生具有吸引力的、形状多样和色彩富有变化的花境。

六、花境设计的要点及流程

（一）花境的组成要素

花境的形式多种多样，其功能和用途也不尽相同，但是花境都应该由环境、植物、背景、饰边、小品等几个基本要素组成。

1. 环境

环境是指花境所处位置周边的情况和条件。

花境不是独立存在的，而是存在于一定的环境之中的。这里的环境一般包括建筑、树丛、水体、道路、地形等。环境中包含的各种因子对植物的生长有着很大的影响，同时也影响着花境的形式、植物品种的选择等。在设计花境的过程中必须根据地形、地貌及其他周边环境，如建筑、道路、树丛等，从总体上考虑、统一布局后进行设计和种植，营造出与环境相适宜的花境。花境依附环境常用的形式就是设置在乔灌木的下层，与之形成小型的生态群落，这样不仅能取得优美的景观效果，还具有良好的生态意义。

2. 植物

植物是构成花境的基本要素，正是植物本身的姿态、色彩、芳香和丰富的季相变化，为观赏者提供了绚丽多姿的优美景观。

（1）花境植物材料的选择。花境设计中，植物材料的选择首先应该考虑所用植物的生长习性，然后根据其观赏特点及栽培养护的难易程度，全面地考虑其形态、色彩、气味等特征，结合立地环境和功能合理配置。

可用于营造花境的植物有宿根花卉、一二年生草本花卉、球根花卉、观赏草、水生植物以及一些可观花、观叶、观果、观干的灌木。其他诸如生长缓慢的小型松柏类植物及一些芳香类的植物，也深受人们的喜爱。

（2）花境植物的位置及用途。花境植物按位置及用途通常可以分为以下几类：镶边及前景植物，一般为植株低矮或成匍匐状的植物，起到界定边缘轮廓的作用；中景植物，一般高度在 30 ～ 80 cm，色彩丰富、株型丰满，成为花境的主景；背景植物，一般为高大的植物，种植在花境的后部或中部，成为前面植物的背景，起到衬托作用。

3. 背景

背景通常设置在花境的后方，用来突出花境植物及其色彩，衬托花境。通常可做花境背景的有绿篱、树丛、围栏、建筑及其墙体。欧洲的花园中广泛运用绿篱做花境的背景。它包括规则式绿篱和自然式绿篱两种，经常用于单面观赏花境和对应式花境中，给人以庄严、稳重之感。高低错落的树丛因其具有自然、富有野趣的形态，多作为林缘花境的背景，与自然式边缘的花境组合，充分展示了植物群落之美。围栏则大多是为攀缘植物（如攀缘月季、地锦等）提供支撑，可以绿化垂直的空间，同时因其有镂空的部分，还可以起到内外相互借景的作用。坚硬外表的建筑和墙体与柔美艳丽的花境植物相结合，刚柔并济，给人一种对立中的和谐之感。

4.饰边

饰边是指在花境的边缘，对花境的轮廓起到确定、装饰或保护作用的一种形式。饰边的应用对于花境来说是非常重要的，饰边的形式也多种多样，从朴素到华丽，从简约到精致，饰边的材料不同，呈现的景观效果也不同。饰边在限定花境边界的同时还能阻隔植物根系，特别是草根的蔓延，还可以保持小范围内水土不流失，令花境易于管理，保持清洁。

常见的饰边材料有砖石、卵石、木材、绿篱、围栏、饰边植物等。

（二）花境设计的要点

1.设计前的基础调查和分析

环境与植物有着密切的联系，好的种植设计需要对种植环境进行全面准确的调查和分析。因此，在设计花境以前，设计师应该对各项因素进行深入了解，需要了解和分析的因素有气候与小气候、光照条件、土壤类型、排水情况、风力风向等。

此外，还要明确花境设计的目的和用途是分割道路、美化环境、丰富景观、引导视线，还是结合场地营造某种特定的氛围。只有明确花境的设计目的和用途，才能选择合适的植物材料，营造出独具特色的花境。

2.花境的平面设计

花境的平面形状多是带状的。单面观赏花境的后边缘线多采用直线，前边缘线可为直线或自由曲线。双面观赏花境的边缘线基本平行，可以是直线，也可以是流畅的自由曲线。花境在平面构图上是连续的，每个植物品种以组团的形式种植在一起，组团大小、数量不同，各组团间衔接紧密，疏密得当，产生自然野趣。

植物材料的生物学特性决定了花境的朝向对花境的景观效果有一定影响，特别是对应式花境，要求花境的长轴沿南北方向展开，使左右两侧的花境都能获得均匀的光照，达到设计效果。花境的朝向不同，植物材料的受光程度也就不同，因此在设计中选择植物材料时要根据花境的具体位置进行考虑。

另外从视觉角度考虑，对花境的宽度也有一定的要求。花境要有适当的宽度，过窄不易体现群落特征，难以形成视觉焦点；过宽又会在很大程度上遮挡视线，造成浪费，也会给养护管理带来一定困难。通常单面观赏的混合花境 4～5 m，单面观赏的宿根花卉花境 2～3 m，双面观赏的宿根花卉花境 4～6 m。家庭小花园中的花境可设置为 1～1.5 m，不超过院宽的 1/4。

3.花境的立面设计

花境正是因为其在立面上层次分明、疏密有致、富于变化，犹如自然界中野生花卉交错生长，所以深受欢迎。立面是花境的主要观赏面。在花境设计过程中应该根据不同类型植物的景观特点使整个花境高矮有序、相互呼应衬托，充分利用植物的株型、株高、花型、质地等观赏特性，创造出错落有致的立面景观。花境在立面设计上最好有圆锥状、球状、扁平状这三大类植物的外形比较，尤其是平面与竖向结合的景观效果更应突出。直立的圆锥状植物（如鼠尾草、火炬花等）可以打破水平线，增加竖向层次；球状植物（如紫苑、菊花等）在中间，作为焦点，可以吸引视线；扁平状植物（如美女樱、报春花、岩白菜等）在前排，可使花境显得层次分明。相同外形的植物反复使用，可产生韵律感。在设计单面观赏花境的过程中，应在后面种植植株较高的植物，然后从后向前逐级降低，以避免相互遮挡而影响观赏效果。而设计岛式花境时，高的植物要放在中间，低矮植物种植在四周，使层次更加丰富。

4. 花境的季相设计

植物是花境的主角，理想的花境应四季有景可观，寒冷地区也应做到三季有景。花境的季相景观设计是通过种植设计实现的，利用花期、花色、叶色及各季节具有代表性的植物来创造季相景观，如早春的迎春、夏日的福禄考、秋天的菊花等。植物的花期和色彩是表现季相的主要因素，花境中开花植物的花期应连续不断，以保证各季的观赏效果。

在季相设计时要根据植物生长期和生态要求，创造出可以欣赏到春叶、夏花、秋果、冬干等不同的季节的景观，从而感受植物生长和季节变化所产生的独特美感。另外，还要注意景观的连续性，使开花植物分散在花境中，花色协调，保证好的观赏效果。在季相构图中应该将各种植物的花期依月份或春、夏等时间顺序标注出来，检查花期的连续性，并且注意各季节开花植物的分布情况，使花境成为一个连续开花的群体。也可以突出某一季节景观，形成最佳观赏效果。

5. 花境的色彩设计

色彩是花境中吸引人们视线的第一要素。花境的色彩主要由植物的花色来体现，同时结合植物的叶色，特别是观叶植物叶色来体现。在花境设计中可巧妙地利用不同花色来创造空间或景观。例如，把冷色调占优势的植物群落放在花境后部，在视觉上有增加花境深度、宽度之感；在狭小的环境中用冷色调的植物组成花境，能够扩大空间的尺度感。在平面的花色设计上，利用花色可产生冷、暖的心理感觉，花境的夏季景观应使用冷色调的蓝紫色系花卉，使人感到清凉；而早春或秋天则应用暖色的红橙色系花卉组成花境，给人暖意。在安静休憩区设置的花境宜多用冷色调花卉；如果为了营造热烈的气氛，则可多使用暖色调的花。

花境的色彩设计主要有如下四种基本配色方法。

第一，单色系设计。这种配色方法多为了强调某一环境的某种色调或为了满足一些特殊需要。

第二，类似色系设计。这种配色方法常用于强调季节的色彩特征，如早春的鹅黄色、秋天的金黄色等，设计时应注意与环境协调。

第三，补色设计。多用于花境的局部配色，使色彩醒目、鲜明。

第四，多色设计。这是花境设计中常用的方法。设计中应根据花境的规模来搭配色彩，避免因色彩过多而产生杂乱感。色彩的设计中还应注意，花境不是独立存在的，其色彩必须与周围环境色彩协调，与季节吻合，保证植物花期的连续性和景观效果的完整性。

6. 花境的背景设计

背景是花境景观的重要组成要素之一，设计精巧的背景不仅可以突出花境的色彩和轮廓，还能够为花境提供良好的小环境，对花境中的植物起到保护作用。

背景设计要重点考虑与花境色彩的协调。从视觉效果来看，通常以暖色系色彩做背景时会使人在视觉上感觉前面的物体体积比实际小；而以冷色系色彩做背景，则会产生距离感，可以突出主景。从色彩搭配上来看，背景的颜色与前面植物的颜色要产生对比，如背景是白色墙体，那么前面花境的植物，特别是靠近白墙的植物要选用色彩鲜艳或花色深重的品种，但若背景是颜色较深的绿篱或树丛等的时候，就要在靠近背景的地方栽种色彩浅淡明亮的植物，避免栽种花色深的植物。

当花境的背景是植物时，在选择材料的时候应该注意植物的颜色不应过于艳丽抢眼，以免喧宾夺主。常用的背景植物有绿篱类、攀缘类和灌木等，在一定程度上可以改变局部环境的小气候，对花境的生长有一定影响；同时，也会起到不同程度的遮蔽作用，在设计中也应考虑进去。

7. 花境的饰边设计

饰边不仅围合了花境，起到限定边界的作用，还能阻隔植物根系的蔓延，保持水土。饰边的类型是多种多样的，但必须与花境的风格及周边的环境协调统一。色彩艳丽的花境作品，其饰边就应朴素淡雅，以很好地突出植物景观；如果花境的规模较小或色彩不够丰富，则可以运用精致华丽的饰边来增加景观效果。同时，饰边还应该具有实用性，应牢固、耐用，庭院中的花境饰边可以相对精致一些，更具观赏性一些，突出个人风格。

（三）花境设计的方法和流程

设计一个花境，具体来说，通常包括以下几个步骤。

1. 按照一定的比例标出花境所在位置的周边环境

周边环境包括周边建筑、大型植物等，以便了解花境的具体环境及光照、风向等自然条件。

2. 设计花境的平面图

通常先在图纸上画出花境的轮廓线，然后在轮廓线的内部画出各种植物的分布区域，在每个区域标出植物的名称或编号，并列出相应的植物种类。花境中植物的分布区域多为封闭的自然曲线。每一个区域内的植物都是成丛种植的，避免单株种植或将不同种类的植物混种在一个区域内。

3. 设计花境的色彩

在进行色彩设计时，首先要根据环境和所要表达的主题确定整个花境的主色调以及不同季节的主要色彩，然后根据不同的配色方法确定其他区域的色彩，分别画出不同色系的植物分布区域所在的位置。

4. 花境的竖向设计

在进行花境的竖向设计时要结合植物的株高，并在平面图上标出每个区域的植株高度，进行调整。在设计单面花境时多采用前低后高的形式，设计双面花境或岛式花境时则多采用中间高、周围低的形式。

5. 花境的季相设计

在进行花境的季相设计时要考虑植物的花期和花色。在设计花境时，人们要遵循的原则就是随着季节的交替，总有不同的植物处于开花期，呈现不同的色彩。花境中植物的花期越长，花境的可观赏性就越高。因此在设计时，应按照春花、夏花、秋花不同时段，列出植物材料的花期。

6. 后期的施工和养护

在了解上述设计意图和预期效果后，设计师应该到现场核实实际情况是否与设计图纸一致；然后进行苗木的选择和种植床的准备，确保苗木植株健壮，株型丰满，根系完整并发育良好，种植床土壤养分充足、排水良好；紧接着定点放线，并及时调整与周边环境不和谐的地方，依据图纸栽种植物；最后及时进行养护管理，使之将设计者的意图完美地表现出来，最终达到理想效果。

七、花境设计的视觉特性与空间意境

（一）花境设计与视觉特性

视觉是人类感知外部世界的主要途径，也是人感知植物的主要方式。人在看植物的时候看到的是植物的视觉肌理、色彩、尺度等属性，一般情况下不会注意植物的具体种类。因此，有必要研究植物的视觉特性，以便使植物更好地发挥美化环境的作用。

1. 视觉形态要素

（1）植物的株型。株型即植物的外部整体形态，花境植物材料的株型基本上可以分为三种：圆锥状、球状和扁平状。不同的植株形状给人的视觉感受也是不同的：圆锥状的植株都直立生长，具有尖的或圆锥形的花序。这种具有尖的或长条状叶子的植物，如西伯利亚鸢尾等，能够打破水平的线条，加强垂直的空间感；圆锥状的花序如羽扇豆、翠雀和鼠尾草等，可以令花境的立面高度得到提升。球形的植物可以作为花境中不同植物之间的过渡，带有绒毛的球状植物如满天星、垫状福禄考、华丽景天等可以在不同的高度制造出色彩的波浪。在植物之间的空隙可以填充一些扁平状的植物，如老鹳草等。一些低矮而有延展性的植物对花境的边缘也能起到很好的装饰作用。

在花境设计中植物可以将不同的组团连接起来，使花境看起来更丰满。而有些宿根花卉在不同的季节也会呈现出不同的植株形状，如西伯利亚鸢尾在盛花期呈圆形，但是在花谢后则变为圆锥形；有些植物（如球根花卉）在盛花期生长茂盛，呈丛状，但是到休眠期时地上部分完全枯萎，形状变化。

花境设计中，植株的形状是重点考虑的因素之一，通过不同植物株型的搭配，带给观赏者不同的视觉享受。

（2）植物的质感。质感是指人们通过触觉和视觉所感受到的植物本身特有的性质。质感的美是静的、深邃的、朴素的，表现的是植物材料的自然特性，通常包括花和叶片的形状、大小、质地等综合的特性。由于植物的种类十分多样，植物材料的质感也是丰富多样的，有细腻的、粗糙的，也有介于两者之间的。玫瑰、大黄、牡荆、野芝麻、益母草、芦荟、小飞蓟、老鹳草、虎儿草、薰衣草等的质感属于粗糙质感，地肤、芭蕉、麻黄、矮百合、铁线蕨、石蒜、苔草等的质感属于细腻质感，而紫苏、紫萼、玉簪、迷迭香、鸢尾、吉祥草、黄精、福禄考等的质感介于细腻和粗糙之间。

质感不同，带给人的空间感受也不相同：质感粗糙的植物由于叶片面积大，表面粗糙，使空间显得比实际的小；质感细腻的植物，看起来柔和纤细、明朗透彻，能令空间显得比实际的大。质感还会影响色彩呈现出来的效果，同样的色彩，表面光滑的植物会显得明朗，而表面粗糙的植物则会显得暗淡。

质感的强弱和观赏距离及移动速度也有着密切的关系。在无法近距离观赏或移动观赏的情况下，选择质感比较粗糙或质感差异比较大的植物材料更能吸引人们的视线；而在近距离观赏或静观的情况下，即使质感比较细腻、质感差异较小，也容易引起人们的注意，吸引人们的视线。

在花境设计中，设计师要充分利用植物质感这一特质，来营造不同的空间氛围。比如，在一个面积较小的花境中，若种植一些质感细腻的植物，则会令花境看上去比实际空间要大，令观赏者近距离观赏花境也不会感到空间狭小；而在大型花境中，多选用质感粗糙的植物，令观赏者产生空间距离被拉近的感觉。

（3）植物的色彩。色彩对于花境设计和应用都是十分重要的，各种色彩有各自的特点，颜色对空间大小、轻重和远近以及人们的情感和心态都有影响。因此，设计者必须充分了解色彩的原理和视觉的特点，才能在设计中运用自如。

不同的色彩对人的生理和心理会产生不同的作用，带给人不同的感受。

第一，色彩的温度感。色彩有暖色和冷色之分，红、橙、黄被称为暖色系，常令人有温暖和兴奋的感觉，是喜庆热烈的颜色；紫、蓝、绿为冷色系，使人感觉凉爽、素雅、宁静，使人心情放松。

根据色彩的温度感，在设计的时候，可以根据环境条件和功能要求等进行色彩的选配。例如，在春秋或严寒地带宜多用暖色调色彩组合，使人感到温暖；而在夏季或热带则宜多用冷色调色彩组合，使人有清凉之感。

第二，色彩的距离感。由于空间透视的关系，暖色给人向前及接近的感觉；而冷色给人后退及远离的感觉，使空间显得开阔。同一色相，纯度高的会使人产生靠近的感觉，即鲜艳的色彩可使人感觉距离变短、空间变小；纯度低的则会产生退远的效果，即浅的颜色会给人以距离变远和空间变大的感觉。

在植物景观中，应充分利用不同冷暖、不同明度、不同饱和度的色彩组合能产生不同距离感觉的特性，营造不同深度的空间效果。如果背景色是冷色调时，前景色可以考虑使用较暖的色调；如果背景色明度较低，前景色明度可以较高；背景色饱和度不够，前景色饱和度可较高。当然这三种组合方式并不一定是单独使用的，将它们结合起来使用，效果将会更明显。而在花境设计中，可以利用色彩的距离来增强景观深远的效果，特别是作为背景的植物，宜选用冷色调的植物来拓宽视野。

第三，色彩的运动感。橙色系颜色给人的运动感强烈，而青色系颜色给人的运动感较弱；灰色及黑色带给人的运动感较弱。白昼色彩的运动感强，黄昏则较弱。同一色相的颜色明色调带给人的运动感强，暗色调带给人的运动感弱；同一色相的颜色饱和度高的运动感强，饱和度低的运动感弱；明度高的运动感强，明度低的运动感弱。互为补色的两个颜色组合时，运动感最为强烈。

在花境设计的时候，根据花境的设置场合的不同来进行色彩搭配。例如，在娱乐场地宜多用运动感强的色彩或色彩组合，如橙色系颜色；而在安静休息处和医疗地段，宜选用运动感弱的色彩或组合，如青色系颜色。

第四，色彩的面积感。运动感强烈，明度高，呈扩张方向的色彩，给人面积扩大的错觉；运动感弱，明度低，呈收缩的方向的色彩，给人面积缩小的错觉。橙色系的颜色让人感觉面积较大，青色系的颜色让人感觉面积较小；亮度高的颜色让人感觉面积较大，亮度低的颜色让人感觉面积较小；饱和度较高让人感觉面积较大，反之，则感觉较小；互为补色的两个饱和色配在一起，人们感觉两者的面积要比实际面积大一些。

利用色彩的这种属性，可以面积较小的场地显得比实际的大，反之，可以使空间面积显得比实际的小，所以应根据不同的需要选择不同的植物色彩。

第五，色彩给人的心理感受。色彩因搭配的不同，会使人产生不同的感受。暖色会给人以兴奋感，而冷色则给人以宁静感。同一色相，若纯度降低，带给人的兴奋感或宁静感也会随之减弱。因此，设计师需要了解每种颜色所代表的"色彩情感"。

红色：给人以艳丽、奔放、成熟、热情的感觉，极引人注目，红色系的花境植物有月季、一串红、红花美人蕉和一些红色叶植物等。

橙色：给人带来明亮、华丽、健康、温暖的感觉，橙色系的花境植物有菊花、金盏菊、旱金莲、孔雀草、万寿菊等。

黄色：黄色明度高，给人以光明、辉煌、灿烂之感，象征着希望、快乐和智慧，黄色的花境植物有黄花美人蕉、菊花、金鱼草等。

绿色：绿色是植物及自然界中最普遍的色彩，象征着青春、希望和和平，给人以宁静、安慰之感。绿色调以其深浅程度不同又分为嫩绿、浅绿、鲜绿、浓绿、黄绿、蓝绿、墨绿、灰绿等，搭配起来具有强烈的层次感。

蓝色：为典型的冷色，给人以宁静、寂寞、空旷的感觉，多用于安静的区域或休闲区。蓝色系的花境植物有瓜叶菊、风信子、蓝花楹等。

紫色：给人以高贵、庄重、优雅的感觉，明亮的紫色令人感到美好和兴奋，低明度的紫色又具神秘感。紫色系花境植物有紫藤、三色堇、石竹、紫绢苋等。

白色：明度最高，给人以明亮、洁净、坦率、朴素、纯洁的感觉。在花境设计中是十分理想的过渡色，具有明显的协调性，起到柔化的效果，特别是在阴地环境下，可以反射光线，增加花境的亮度，夜晚在月光照射下，可增加景观神秘感。

2.视觉动态要素

（1）植物的生命周期与季节周期的变化。植物不同于建筑材料的最大特点是它是活的，植物景观在不断变化。植物的生长过程也可以是一个被欣赏的对象。将植物的生长变化作为时间流逝的提示，可以形成具有诗意的景观。

植物除了从小到大的体量变化以外，还会年复一年地发芽、开花、落花、展叶、落叶。这个过程也可以作为审美的对象。虽然四季常绿的树木能在冷清的冬季带给人们生机盎然的感受，但是花境这种随着季节的更替而发生的周而复始的变化更能令人心情愉悦。在一个完美的四季观赏花境中，人们随着植物生命周期及季节周期的变化，可以欣赏到春叶、夏花、秋果、冬干等不同的季相景观，从而欣赏因植物生长和季节变化而带来的独特景观。

（2）植物与光影的关系。阳光是植物赖以生存的重要环境因子，因此光照对于植物生长起着至关重要的作用。喜阳光的花境植物多色彩艳丽，容易营造喜庆、热烈的氛围。而阴地花境呈现的景观效果则会随着不同季节光照条件的变化而发生变化。在夏季由于上层乔灌木枝繁叶茂，阳光几乎无法直射，景观色调多以冷色调为主；在早春或秋季，上层乔灌木叶片稀疏，阳光几乎可以直射，一些喜阳的植物生长良好，展示出偏暖色的景观效果。

要想减少外部光影的影响，使林下或建筑外的花境不会因为阴影的存在而显得阴暗沉闷，可以少量种植一些叶片颜色浅而亮的植物或叶片带有浅色斑点或条纹的植物，调节整个花境的色调。

（3）形式美法则。形式美法则是依据艺术语言所要表达的特定思想，把各种视觉形态要素组织起来的规则。同一组形态元素，如果秩序关系不同，其作品所传递的信息就会有所区别，这种秩序关系如果符合审美要求，就可能令人愉悦；相反，如果秩序关系混乱，不符合审美要求，其结果一般不会理想。形式美法则简单来说就是多样统一的原则，具体通过在形体、质感、色彩等方面采取对称与均衡、韵律与节奏、比例与尺度、对比与微差等多种手段实现。

第一，比例与尺度。比例是指局部与局部之间、整体与局部之间或整体与周围环境之间的大小关系，是一种相对的关系。尺度一般不是指景物的真实尺寸大小，通常是以人为标尺的一种比例关系。

运用比例是获得美感的一种重要手段，古希腊毕达哥拉斯学派最先发现，有美感的东西，其几个重要部分之间都是符合黄金分割律的。黄金分割率至今还运用于种植设计的构图之中，在花境的设计中也不例外。

花境景观的尺度可以很小，如围合在休息座椅边的花境，它给人以安全、亲切的感觉。花境景观的尺度也可以很大，如在大片草地上设置的长花境，具有磅礴的气势，给人以辽阔深远的感觉。所以，花境景观的尺度是没有严格的要求和标准的，确定花境景观尺度大小除了考虑场地大小外，还应考虑其设计目的。如果要营造亲切温馨的环境，尺度可以小一些；如果要营造庄严、有气势的景观，尺度就可以大一些。

花境的尺度受空间大小影响，确定花境尺度时应以与周边的建筑和环境相协调为原则。为了便于养护管理和体现植物配置的节奏韵律，花境的长度通常不超过 20 m，而且长度应该至少是整个花境中最高植物高度的 2 倍，避免比例失调，影响观赏效果。若要设计大规模的花境作品，则可将花境分隔成几个单元，单元之间用观赏草等过渡，这样既可以在视觉上形成连续性，又可以避免景观的单一重复。

在花境的构图中，花境本身、花境与周边的环境之间，都存在着内在的长、宽、高的大小关系。和谐的比例和尺度是完美的构图条件之一，比例和尺度和谐，整体才能协调。要注意的是，植物的生长会改变比例和尺度。很多花境在最初种植时具有完美比例，但是生长一段时间后其比例和尺度都会改变，使构图失去平衡。有的则是初期比例失调，景观效果差，生长到一定阶段才能达到理想效果。所以在设计过程中，植物的生长特性是设计师在确定比例和尺度时应考虑的因素之一。

第二，对称与均衡。平衡是一切物体能够处于某种形态或稳定状态的先决条件，演变成审美观念则是平衡是一种美。实现平衡的手法多种多样，在植物景观营造中常用的方法是对称和均衡。对称是一种通过轴线两侧或中心四周景物完全一致达到平衡的方法。对称的优点是可用于渲染某种观念或引发一种纪律感、高度秩序感甚至还有无可挑剔的美感。同时，对称也是专制的，它严格要求规划要素服从于一种僵硬或公式化的平面布局。相关对称框架中事物的意义主要源于它们与整体构图的关系，自始至终每一个要素都被视为大组合的一个单元。花境中植物在轴线两侧做对称布置，常见的就是对应式花境，这种构图最容易达到稳定，也有少数花境通过植物或图案的有规律重复而达到一种对称。大多数花境都是采取不对称均衡的形式，通过合理的配置使花境有稳定的重心，色彩质感达到平衡，整体景观协调一致、和谐自然，令人赏心悦目。

第三，对比与微差。自然趋向于差异对立，协调是从差异对立面而不是从类似的东西中产生的。对比和微差正是这种差异的体现。对比是指将两种差异很大的事物进行比较，突出其差异性；微差则指事物的差异性被控制在一定的程度内。对比是园林中常用的手法。在花境设计中，可以利用植物的各种特征形成对比，如色彩对比、株型对比、质感对比、体量对比等，突出各自的特点，给人留下深刻的印象。微差要求在整体统一的基础上，局部间有适当的变化，如大中有小、虚实结合，保持整体一致的同时局部不同形状、不同色调、不同质地并存等。

（二）花境设计与空间意境

1.质感与空间

植物材料的质感本身可以成为空间气氛的调节剂。对比和协调的原理在质感设计中也同样适用。在复杂多变、混乱的空间环境中，应该用单一质感使空间产生统一感，如通过质感单一的草坪来使艳丽繁杂的花境具有统一感，避免使景观显得琐碎；在单调乏味的空间中，应该运用多样的质感对比来活跃气氛，如将以质感粗糙的月季为主的花境种植在修剪整齐的绿篱前，消除绿篱的单调感。

空间感觉与运动过程有联系，明暗对比强、形象醒目、产生前进感的植物材料会使空间显得比实际的小；轮廓光滑、有柔和的纹理变化、明暗对比弱、质感细腻的植物材料，不易引起注意，能够产生后退感，使空间显得比实际的大。质感中等的植物材料轮廓形象和明暗对比居中，产生中性的心理色彩和空间感受。空间透视的基本规律是近大远小，近清楚远模糊。利用上述原理，在特定的空间中，在花境设计过程中，将质感粗糙的植物材料作为前景，把质感细腻的植物材料作为背景，相当于增强了透视效果，产生视觉错觉，从而加大景深，扩大空间的尺度感，相反的设计则可以缩小景深和空间的尺度感。植物材料的质感特性，也可以转变空间氛围，如要使空间氛围的变化自然，质感中等的植物材料可以作为质感粗糙和质感细腻的植物材料之间的过渡；如果要使空间氛围变化明显，则要选用质感差异大的植物材料，给人以视觉冲击。

2. 体量与空间

在室外环境的营造和室外空间的组织中，植物的体量十分重要。植物材料是室外空间的围合体，通过单独或同时改变地面、垂直面以及顶面的属性，能够改变空间给人带来的感受。例如，在地面上，花境结合地被植物或灌木通过高度或者材质的变化暗示空间的边界。空间封闭的程度与植物的植株粗细、种植密度和排布方式有关。种植密度越大，其围合的空间的封闭程度越高。像种植在道路两旁的花境，它的存在既暗示了空间的边缘，同时又吸引了游人的注意力，令人有被包围的感觉。同样，植物叶子的密度和植株高度也是影响空间感受的因素。在花境设计中，由于植物材料花期的不同和季相的变化，同一花境在不同时期的植株疏密程度是不同的，其围合空间的效果也会有所变化。在夏天盛花期，空间可能完全被植物填满，视线无法穿越，使空间产生了隔离感与内向感，而在早春或秋季，植物之间有了空隙，视线可以穿透，空间会显得比实际的大。

3.场所与花境

花境是连续的风景构图，因此花境总是沿着游览线或道路来布置的。可以布置花境的场合很多。

第一，建筑物的墙基。建筑物墙基与建筑物周围的道路之间的带状空地上，可以用花境来装饰。这种装饰主要是使墙面与地面所形成的直角带来的生硬感能够得到缓和，使建筑能够与四周的自然风景协调。但这种做法通常适用于较低的建筑物，当建筑的高度较高时，要想与自然环境协调，需要很大的过渡面积，花境的高度与建筑物的高度也有很大的差异，在比例上就会有不协调的感觉。

第二，道路两旁。在园林中，园路通常有两种目的，一种以组织交通为主要功能，主要是建立建筑物与建筑物之间、进出口与主要公共建筑和主要功能分区之间的交通联系。另外一类道路以欣赏沿途的连续风景为主要功能，游人在道路上行走并不是想去某个地方，而是为了在行走过程中欣赏沿途的景色。因此，位于规则式园林轴线上的道路，当以花境来装饰时可以采用以下三种方式：第一种是在道路中央布置一列双面观赏的花境，花境的中轴线与道路的中轴线重合，道路的两侧可以是草地或行道树。第二种是在道路的两侧各布置一列单面观赏的花境，花境可以有绿篱或行道树做背景。这一组花境必须成为一个构图，以道路的中轴线为轴线集中动势，成为对应的连续构图。第三种是在道路中央，布置一列双面观赏的花境，道路两侧布置一组对应的单面观赏花境，并在道路中央布置一列双面观赏的花境，在中轴线左右自成一个对应的构图，不必对称。道路两旁的花境不必与中央花境对应，中央花境是主调，道路左右的花境是配调。

第三，与绿篱和树丛的配合。在规则式园林中，常常应用修剪的绿篱或模仿自然群落的树丛来形成封闭空间。这些空间的前方布置花境可以形成极为动人的景色。花境可以装饰绿篱单调的立面和基部、丰富树丛的林下空间，而绿篱和树丛也可以作为花境的背景，衬托花境。当然，这些花境多为单面观赏花境。

第四，与花架、绿廊和游廊的配合。花架、游廊在中国园林建筑中深受游人的喜爱，为游人提供了环境优美、视线通透的休憩空间。因此，沿着花架、绿廊、游廊来布置花境，能够大大提高风景园林的艺术效果。

花架、绿廊、游廊等都有高出地面的台基，在台基的前方布置花境，结合游廊外的园路，可以令游廊内外的游人在不同的角度都能欣赏到优美的花境。同时，还可以装饰台基，美化台基表面。

第五，与围墙、台地的挡土墙的配合。公园的围墙、台地的挡土墙多距离很长，立面单调。为了美化这些墙面，可以运用藤本植物，并和花境结合，藤本植物与墙面作为花境的背景，增强花境的立面景观效果；花境与台地挡土墙结合，既能保持水土，也能柔化挡土墙的生硬感。

4.景观小品与花境小品

景观小品与花境小品是具有较高观赏价值和艺术个性的景观要素，是园林景观中重要的组成部分。

第一，雕塑。雕塑不仅可以美化环境，还可以丰富人们的精神生活，具有装饰点缀、表达主题的作用，具有很高的艺术价值。因此，在与雕塑结合设计花境时，可以把雕塑作为焦点，使景观效果更加生动，令人印象深刻。在这种情况下，设计花境时花境的颜色不能过于纷乱、复杂，形态也不能差异太大，色彩要协调，形状要整齐，为展示雕塑提供很好的背景。还有一种情况是把花境作为焦点，雕塑起到点缀、装饰的作用。这种情况下雕塑的材质、色彩要与花境协调，体量不宜过大，造型不宜过于复杂，色彩不可过于鲜艳。

第二，容器。容器既可作为植物生长的载体，又可以作为装饰，自成一体。不同材质和样式的容器适合的花境类型不同。例如，规则式花境中常常用精致的石质容器，而自然式的花境中常常用古朴的木制容器。容器在花境景观营造中只是起点缀、装饰作用，切忌多而杂，否则不仅会扰乱视线，破坏花境的整体感，还难以管理。

第三，水体。水体是园林造景中重要的因素之一，在丰富景观的同时能改善生态环境。园林中的水景分为静态水和动态水。静态水可以在水面上形成倒影，增加景观的层次和美感，如水池等。动态水，如喷泉、溪流、涌泉等，与静态的植物相结合，可以营造具有自然野趣的景观。在较开阔的公共场所，可以营造以喷泉为中心的岛式花境；在公园等具有起伏地形和良好小环境的地方，适宜结合溪流等动态水营造自然式的滨水花境；而在小庭院中，则可以结合涌泉、小水池等营造以水生植物为主的花境，取得理想的景观效果。

第四，座椅、景亭等休息设施。作为园林小品的一种，座椅、景亭等休息设施同花境相结合，既可以美化景观，又具有实用功能，可以围合出宁静、私密、令人感到亲切的空间。根据座椅等休息设施材质和风格的不同，应采用的花境类型也不同，木制、石质的休息设施宜与自然式的花境相结合，营造出具自然野趣的景观。设置在休息设施旁边的花境应避免使用过于艳丽和繁杂的色彩，以免令人过度兴奋、造成视觉上的疲劳。另外，休息设施的位置应该既利于人们观赏花境，又不会影响植物的生长及观赏效果，最好能和周边环境结合，在炎热的夏季为人们提供阴凉的场所，以供游人驻足休息。

第四节　趣味性植物造景在景观中的应用

一、相关概念

（一）趣味

"趣味"是人们求奇、求异、求趣、求新的一种感觉，它因人、因时、因地、因物而有所不同，所以到目前为止还没有一个确切的定义。梁启超先生在《〈晚清两大家诗抄〉题辞》中说："趣味这件东西，是由内发的情感和外受的环境交媾发生出来。就社会全体论，各个时代趣味不同；就个人而论，趣味亦刻刻变化。"

（二）趣味性植物造景

趣味性植物造景是指利用植物个体或群体的自然形态、人工塑型或不同的环境配置模式等，来制造令人感到新奇、有趣的，吸引游览者，为游览者带来喜悦与欢快情绪的园林植物景观。趣味性植物造景可使人们在轻松愉快观赏中培养对自然的兴趣、好奇和探索精神。趣味性植物景观在园林景观中起着画龙点睛的作用，为园林景观增添了不少意趣。影响植物造景的趣味性的因素有很多，下面主要从植物造景的手法、自然形态以及人文条件下谈植物造景的趣味性。

二、趣味性植物资源分析

想要营造具有趣味性的植物景观，选材是非常重要的，通过设计具有趣味性的植物景观，要选用生命力强、寿命长、耐修剪和易维护的材料；利用本身具有趣味性的植物形成的趣味性植物景观，要选用趣味性明显的植物，要有足够的奇与怪的表象特征。

现在人们追求人与自然和谐相处，在趣味性植物造景上，应更多地采用植物本身具有的趣味性来营造趣味性的景观，利用植物本身的自然习性来为人们打造舒适的活动空间。中国植物资源如此丰富，是不缺乏具有趣味性的植物资源的。下面针对常用园林植物中具有趣味性的植物资源进行详细的统计与划分。

根据植物的观赏特征划分趣味性植物资源，自然形态下趣味性植物主要可以分为具有趣味性树形、花形、花色、叶形、叶色、果形、果色以及根形、枝干形等的园林植物。

（一）趣味性树形

趣味性的树形主要表现在具有明显生长方向性和形体特征，如所有枝条极力朝天空生长的钻天杨（*Populus nigra var. italica*）、水杉（*Metasequoia glyptostroboides*）和枝条垂直向下生长的垂柳等，在孤植或群植的情况下，其形成的景观都是一种非常具有严肃或浪漫的氛围；与生长相对规整的植物相比，自由伸展与攀缘类的植物，带给人们的便是自由与开放的氛围；生长形态稀奇古怪的植物更容易吸引游览者的注意和引起游览者的好奇心。

趣味性树形主要是从植物的形体特征与普通树形不同来说的。在景观中形状似馒头的馒头柳、作为水边优秀的植物配置的垂柳树形纤柔、唯美，不论是成片种植，还是孤植成景，都可以带来绝妙的意境；生长在北方的树冠阔大、呈椭圆形的钻天杨成片种植，可让游览者感受到一种积极向上的精神；竹类有高风亮节、步步高升的寓意，为文人志士所喜爱，常用其自比。如果可以利用好植物这一趣味特征，园林景观势必会带有文人气息。

（二）趣味性花朵

花是大自然馈赠给人类的礼物，无论是傲霜斗寒的梅花，还是国色天香的牡丹（*Paeonia* × *suffruticosa*），无论是雍容华贵的荷花，还是暗香盈袖的菊花（*Chrysanthemum morifolium*），都能令人心情愉悦。

当谈到趣味性的花朵时，可能在人们脑海中会自然地浮现出一些花朵形态或色彩极夸张、奇特的花朵，如花朵形状像人类手掌的佛手柑（*Citrus medica 'Fingered'*）、形似人类嘴唇的嘴唇花（*Psychotria Elata*）、形如火炬的凤梨（*Ananas comosus*）等，这些形状奇特的园林花卉植物使人耳目一新，越来越受到人们的追捧；植物的花朵具有丰富的色彩，红色象征着刺激、热情、奔放、冲动和活力，黄色给人以华贵、神秘、庄严、崇高的意味，白色给人以简明坦率、清爽纯净、虚无缥缈的感觉，蓝色给人阴凉、寂寞、空旷之感，紫色给人轻松、浪漫、神秘之感。因此，合理搭配植物色彩可以凸显植物的美，进而增强植物景观的趣味性。以趣味性的植物营造景观，更应该注意色彩的合理搭配，这样才能将植物景观的趣味性展现得淋漓尽致。

（三）趣味性叶、果、枝干

园林植物景观的色彩主要是通过叶色体现的，叶的色彩是景观中较为突出的元素，每株植物几乎95%的外表被叶子所覆，所以叶子的趣味性直接影响着景观意境与趣味的营造。这里所指的趣味性的叶子主要是一些叶形不规则、色彩变化丰富、特征明显的植物叶子。例如，鹅掌楸形似马褂的叶子、银杏形似扇形的叶子、芭蕉扇形的叶子、琴叶榕（*Ficus pandurata*）的叶子，它们自身就充满了趣味性。植物的果实在景观中也具有很高的观赏价值，在收获的季节、红彤彤、金灿灿的果实将整棵树装点得异常壮观。果实的趣味性形态主要表现为"奇""巨"，讲究植物果实要有奇异有趣的形状、巨大或巨小的形体。例如，榴莲（*Durio zibethinus*）形似鳄鱼皮肤的外壳、小巧可爱的樱桃。我国北宋诗人苏轼曾写的诗句"一年好景君须记，正是橙黄橘绿时"的诗句，描绘了一幅绝美的画面，将植物果实的美展现了出来。趣味性枝干，则讲究枝干具有夸张的形状或纹理特征，独有的特征可以吸引游览者的视线，带给游览者乐趣。

三、趣味性植物造景的分类

（一）根据趣味性植物造景呈现方式分类

1. 利用植物自然特征营造趣味性植物景观

自然界植物有着多种多样的色彩、千奇百怪的形体，应用植物自然特性营造出的趣味性景观自然，不乏野趣。罕见的外形和色彩的观赏性很高，单独一棵植物也可以形成独特的景观，是大自然额外赐予人类的瑰宝。独木成林的榕树（*Ficus microcarpa*）、拥有巨型扇面的旅人蕉（*Ravenala madagascariensis*）和形体古怪的巨人柱（*Carneginea gigantea*），分别成了上海辰山植物园热带花果馆和沙生植物馆的景观焦点，这也是植物设计的亮点，给人们带来视觉上的冲击，令人震撼。

2. 应用造景手法营造趣味性植物景观

人们可以运用智慧打造趣味性植物景观。古典园林中意境的营造是利用建筑、道路、小品和植物的遮与露来进行的，这种趣味性显得更为自然，更容易让人们察觉大自然的魂魄。

利用造景手法营造趣味性植物景观是一个非常合适的选择，通过造景手法可以将有限的空间转变为无限的空间。例如，两排平行的平面镜将种植的植物夹在中间，使植物在平面镜的反射中变得越来越多、越来越小，使展现在人们视野范围内的不单单是几棵树和几面镜子，这种利用视错觉原理带来的趣味性，值得规划设计者借鉴与学习。

3. 结合现代技术的趣味性植物造景

在科技高速发展的今天，人们的生活越来越离不开科技。趣味性植物造景结合科技，也能带来不一样的趣味。

上海辰山植物园珍奇植物馆利用密植的植物群体营造出类似热带雨林的景观，通过播放野生动物的嚎叫声很容易把游客带到情境中去，让

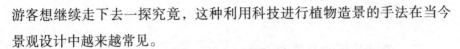

游客想继续走下去一探究竟，这种利用科技进行植物造景的手法在当今景观设计中越来越常见。

除了利用科技营造趣味性景观以外，能提升趣味性植物造景亮点的方法就要数造型编制技术了。通过手工技术将植物藤蔓编制成花瓶、动物、建筑等具有装饰性的景观作品，可以吸引游人的视线。

（二）根据趣味性植物造景材料类型与加工方法分类

趣味性植物造景材料在景观中以两种类型出现，一种是有生命的活体植物，另一种则是枯萎的植物躯干。例如，稻草人或稻草屋也是植物景观，它的本质还是植物，只是这种植物已经没有了生命，但依然可以在园林中应用，在万紫千红的花丛中脱颖而出。

材料的加工方法有两种，一种是利用植物的自然特性创造趣味性植物景观，如罕见的色彩、奇特的叶形、百变的枝干、芬芳的花香等来营造自然野趣，既尊重了自然，又可以为园林景观增添趣味；另一种则是通过人工修剪和设计，创造出不同形态的趣味性植物景观，但这种趣味性植物景观虽然效果理想，但后期维护费用较高，而且不利于生态环境的维护。

为了更直观地理解根据上述分类形式划分的趣味性植物造景类型，可上述类型进行总结，其结果如表6-2所示。

表6-2　趣味性植物造景类型表

依　据	类　型
呈现方式	利用植物自然特征营造的趣味性植物景观 应用造景手法营造的趣味性植物景观 结合现代科技营造的趣味性植物景观
材料类型	利用具有生命力材料营造的趣味性植物景观 利用无生命力材料营造的趣味性植物景观
材料加工方式	利用自然特性营造的趣味性植物景观 通过人工加工营造的趣味性植物景观

四、趣味性植物造景的特点

趣味性植物景观具有许多普通植物景观所不具有的特点。本书通过对调查问卷数据的分析和对相关理论的研究，总结出趣味性植物景观区别于普通植物景观的特征，其主要包括创新性、奇特性、富有幽默性、具有带动游览者情绪变化的偶然性和参与性。下面针对这几种特点进行详细的阐述。

（一）创新与奇特性

艺术家常常运用打破常规的创作方式让人们产生新奇感和好奇心，从而诱导人们参与。趣味性植物造景要真正体现趣味，就应该在选材和造型上有所突破，大胆创新，而科技的发展和体验经济的兴起为趣味性植物造景的创新提供了可能，促进了植物造景朝多样化方向发展。

（二）富有幽默性

在观赏植物景观时有两种景观会让人觉得幽默：一种是植物景观作品形式富有极强的喜剧性；另一种是植物景观作品看似荒诞，而人们欣赏、体验之后有所感悟。趣味性植物景观以其夸张的艺术形式和活泼大胆的色彩带给观赏者感官刺激，促使观赏者参与，营造了轻松愉悦的氛围。

（三）带动人们情绪的偶发性

每个游览者体验趣味性植物景观的过程都是偶发性的，即使是同一个行为主体其行为的过程也不可能被完全重复。设计师在对趣味性植物景观进行设计的初期，对人们体验的过程和行为模式做出相应的预设，但其无法完全预测人们行为和体验方式。

正是由于每个人体验趣味性植物景观的过程是偶发性的，在体验结果上也有区别。设计师为人们提供了多元化的体验方式，人们可以根据自己的喜好选择以何种方式参与，因此每个游览者所体验的结果都不可

能是一模一样的。

(四)参与性

传统意义上强调以静态表现动态的趣味性植物景观作品,仅仅能满足人们的审美要求。趣味性植物景观以其独特的方式,让人们可以愉悦地体验,甚至可以直接参与植物景观作品的设计过程,并影响其创作的结果。趣味性植物景观随着人们的参与而变得完整和富有意义,它强调了人们在植物景观作品中的重要地位,同时也实现了人、植物景观和城市公共空间三者的良好互动。

五、趣味性植物造景的设计原则

植物造景设计不同于雕塑、建筑领域的设计,没有固定的手法和形式,它是根据园林设计的风格和园林规划思路来进行的。但是,趣味性植物造景算得上是一门艺术,其他艺术理论在趣味性植物造景设计中依然适用,正所谓所有艺术之间都是相通的。与普通的植物造景相比,趣味性植物造景有较大创作空间,可以为人们带来更多的情感体验。不管再美的艺术作品,都要符合人们的要求,这样才会有意义,这就是趣味性植物造景设计要遵循的设计原则。

(一)符合使用者审美情趣的原则

人们在不同的环境中有不一样的需求,绿化结构的好坏直接影响城市的景观效果,利用趣味性植物景观可以绿化、彩化、香化、亮化城市环境,让游览者赏心悦目。

趣味性植物造景的美需要发现,需要创造,是设计师运用自己的思维和不同的设计手法创造出能带给人们纯粹的美的视觉享受和精神愉悦的作品,同时园林景观设计师也必须重视趣味性植物景观的审美性,满足游览者的审美要求。一个作品如果既不能引起游览者情感的共鸣,又不能引导人们体验和参与,那么这个作品就是没有生命力的作品。

（二）创新原则

趣味性植物景观是人们对植物景观认知的一个载体，是一个园林的标志性景观，联系着人与自然，主要作用是供人们欣赏。它不仅强调趣味性，还注重创新性，只有具有创造性的作品才会使人们更容易记住。趣味性植物景观要具有唯一性、独特性与创新性，这些原则主要体现在材质的创新、造型的创新和配置方式的创新上，只有新奇的事物才能在景观中成为人们的视觉焦点。

（三）安全性原则

很多游览者可能在欣赏趣味性植物景观的过程中会情不自禁地触摸或亲近自己喜爱的植物。所以，趣味性植物造景在设计选材过程中，要使用无毒、无刺激、无伤害的植物，保障人们的安全，这也是所有设计的提前。只有安全性高的景观才会被人们接受。

（四）经济性原则

当然，不能单纯为了满足创新与审美的需求，忽略了经济性。一个好的设计作品是要在坚持前几个原则的前提下，以最低的成本来完成。试想一下，如果一个趣味性的景观的建造需要耗费很大的人力物力，那么在建设的过程中，势必会造成资源的浪费，产生大量的二氧化碳，这样的景观建造方式是不符合科学发展观的。

（五）符合生态性原则

趣味性植物景观除供人们欣赏外，还具有改善小环境和增加生物多样性等生态效应。对于一个城市而言，城市生物多样性是城市生物间、生物与生境间、生态环境与人类间复杂关系的体现，是城市中自然生态环境系统的平衡状况的一个简明的科学概括。由于趣味性植物造景居于城市的公共空间的特殊性，势必要做到人与自然、人与环境、人与社会的和谐统一。

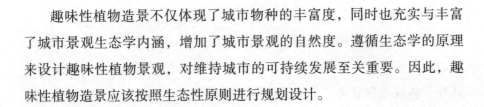

　　趣味性植物造景不仅体现了城市物种的丰富度，同时也充实与丰富了城市景观生态学内涵，增加了城市景观的自然度。遵循生态学的原理来设计趣味性植物景观，对维持城市的可持续发展至关重要。因此，趣味性植物造景应该按照生态性原则进行规划设计。

六、造景手法下趣味性植物造景分析

（一）借景趣味性

　　植物的"借景"手法与中国古典园林的"借景"手法相得益彰，但两者所含有的趣味性不同，这里列举几个较具趣味性、代表性的造景手法。

1. 应时而借

　　植物景观可以让人们直接感受季节变化，"应时而借"的趣味性是由色叶树种、落叶树种和开花树种的季相变化产生的。"春色满园关不住，一枝红杏出墙来。"很容易将开满红花的杏树"借"到人们的视线中，形成一幅动人的画面。"少系杖头，招携邻曲；恍来临月美人，却卧雪庐高士"，描绘出在冬季的夜晚，月亮将梅花影子投在覆满白雪的大地上，其影犹如一个美女婀娜多姿的身影，若隐若现，又像是一个志趣高洁、刚正不阿的高士躺卧在上面，植物和白雪相互映衬，交融一体，画面生动有趣。

2. 仰借

　　在闲暇时，很多人喜欢仰望天空，看云卷云舒，放松身心。"仰借"的趣味性主要是通过将具有色彩变化或赋予人类品质的植物与空中的白云、虫鸟结合在一起，使人们放飞思绪，自由想象。

3. 俯借

　　当树形、颜色或具有其他特色的树种种植在岸边时，它们的影子会倒映在水面或地面上，形成空间和水面两种不一样的景色，带来一种宁静祥和的气氛。当水面荡起涟漪时，植物的倒影也随波荡漾，形成独特的景观效果。

4. 邻借

如果环境中只有普通的植物，那么景观的趣味性可能很难体现出来，若四周有独特张扬、材料新颖、形体夸张的园林要素，可以采用邻借的方式，使植物景观的趣味性得到增强。例如，将造型优美或色彩丰富的植物与形成"对景"的玻璃屏壁搭配在一起，植物的身影被玻璃屏壁反复反射，可以形成一种奇妙的景观效果。

（二）框景趣味性

框景容易使人产生错觉，将空间的景色通过人的心理作用，把景色放入疑似挂在墙上的画框中。色彩较重或是树形较动人的植物在框景中会显得更具趣味性，植物在框景中起到点景的作用，是框景中具生命力的素材。例如，八大山人纪念馆，通过卵形门，将景石、黑松和漏窗组合在一起，构成了一幅完整的画面，远观犹如墙上的挂画，此时植物的颜色是吸引人们前去观赏的重要因素。

框景除了可以由门、窗等构成景框外，具有笔直树干、分枝点高、树形优美或色彩艳丽的植物同样可以构成画框。例如，在透景线的两侧种植高大、挺拔、形状规整的植物，中间配置不阻挡视线的低矮植物和花坛，可以将视线引向远方，产生前方道路"无限"长的视错觉。

（三）障景趣味性

可以用假山、墙体、建筑障景，也可以利用植物障景，植物障景的趣味性主要体现在对比上。"对比"指的是植物色彩、形状、质感与周围环境产生强烈的反差，突破常规，起到吸引视线或遮挡视线的作用。例如，修剪整齐的高篱在自然式生长的植物中显得很突出，这种打破自然的形式让人们在观赏的过程中获得趣味。

　　在较大的空间中，障景一般采用乔木、灌木和地被相互搭配的植物群落来创造出将视线"完全"屏蔽的空间，使整个空间的氛围具有神秘性。

　　造景手法使趣味性植物景观的趣味性得到增强，使空间具有吸引力，为人们创造出一个可以释放情感的空间。

第七章　不同场地与造景手法下的园林植物造景研究

第一节　城市道路高切坡园林植物造景研究

一、相关概念

（一）高切坡

高切坡是指因建（构）筑物和市政工程开挖所形成的边坡以及对工程正常使用可能造成安全影响的边坡项目。

（二）道路高切坡

道路构成了整个城市的框架，是联系城市不同区域的纽带，具有重要的交通运输功能。城市道路的分类方法有很多，按其道路等级可分为高速公路、快速路、主干道、次干道和支路。道路高切坡位于道路的两侧，是人们在进行道路建设或在道路两侧开展各种形式的工程活动时所造成的边坡项目。

（三）植被护坡技术

植被护坡指用活的植物（包括单独用植物、活植物与土木工程措施相结合以及活植物与非生命植物材料相结合三种活的植物形式）保护边坡，以提高坡面的稳定性，防止坡面被侵蚀破坏。本节所提到的植被护坡技术并非指通常意义上的园林绿化种植技术，而是一项在利用植物的蓄水固土能力对边坡进行防护的基础上提升边坡景观质量的技术。该技术是一项综合性工程技术，涉及学科较广，主要涉及岩土工程学、土壤学、园艺学、生物学、生态学、景观学等。

二、高切坡的分类

（一）按岩性分类

依据岩性，可将高切坡分为土质高切坡、岩质高切坡以及土石混合高切坡。其中，土质高切坡的坡体由土构成，岩质高切坡的坡体主要由岩石构成，土石混合高切坡是由土和岩石混合组成的。

1. 土质高切坡

土质高切坡的坡面在风化作用下容易呈现散粒状，这些散粒会顺着坡面滑落。在雨水的冲刷作用下以及当地表水顺着坡面向下流时，松散、软弱的土颗粒被带走，坡面上产生沟状侵蚀，随着时间的推移，其被破坏的程度会越来越大。对于土质高切坡而言，人工开挖破坏了土层的结构以及理化性质。保护土壤贫瘠的高切坡，首先需要在坡面表层采取适当的工程措施，创造植物生长所需条件，如铺设一定厚度且具有较好的肥力的客土，之后再进行植物造景。考虑到土质高切坡坡体的不稳定性，一般不栽植乔木。

2. 岩质高切坡

对于岩质高切坡而言，人工开挖会破坏其原本稳定的岩石结构。在风化作用、重力作用以及其他外力作用下，其容易发生剥落、崩塌等情况，造成的经济损失和社会损失都较土质高切坡大。岩质高切坡的表面一般不具备植物生长所需的条件，需要根据不同的情况采取适当的工程措施，只有当具有植物正常生长所需的条件时才能进行植物造景设计。

3. 土石混合高切坡

土石混合高切坡在风化作用和其他自然外力的作用下被破坏的情况，与土质高切坡、岩质高切坡类似。考虑到其稳定性，在植物造景前需要采取适当的防护措施，创造适合植物生长的条件。例如，重庆石板坡长江大桥南桥头的高切坡的坡体由岩石和风化土组成，坡面为泥岩。朝向长江一侧的边坡因坡体较稳定，没有采用锚杆进行深层防护，朝向道路一侧的边坡采用了锚杆进行深层防护。

（二）按坡度划分

高切坡的坡度一般较大，高切坡按坡度划分，可分为急坡高切坡和悬坡高切坡。

1. 急坡高切坡

急坡高切坡的坡度为 35°～55°，其坡体在一般情况下是稳定的，但长期裸露的坡面在雨水冲刷作用、风化作用以及其他自然作用下容易发生失稳，造成水土流失等地质灾害。坡度越大，在自然作用下发生地质灾害的可能性就越大。急坡高切坡由于坡度相对较缓，在植物配置上多采用乔、灌、草结合的方式，利用植物根系的力学效应和水文效应取得较好的护坡效果。

2. 悬坡高切坡

悬坡高切坡的坡度为 55°～90°，自身稳定性差。悬坡高切坡大多不能提供植物正常生长所需的土壤条件和水分条件，所以单纯地依靠植物对其进行防护是不够的。一般要先找出可能导致边坡失稳的因素，并对其采取相应的工程措施，然后在此基础上对其生态环境进行恢复，进而美化环境。

另外需要注意的是，对于岩质高切坡而言，裸露的坡面需要铺填客土，才能为植物提供正常生长的条件，所以还需要采取一定的工程措施，保证客土的稳定以及与坡体的结合。由于上述这些客观条件的限制，悬坡类型的高切坡在植物配置上形式较为单一，多采用藤本类植物形成景观，在有条件的坡顶进行乔木的种植。

（三）按高度划分

高度是边坡分类中常用的一个分类依据。在相关规范中，高度也是限定高切坡范围的一个重要依据。坡高是指边坡坡顶到坡底的垂直距离。结合一般边坡的分类标准和相关规范中对高切坡高度的限定，可将高切坡分为中高切坡和超高切坡。

1. 中高切坡

中高切坡是指岩质边坡坡高 15 ～ 30 m、土质边坡坡高 8 ～ 15 m 的边坡。

2. 超高切坡

超高切坡是指岩质边坡坡高大于 30 m、土质边坡坡高大于 15 m 的边坡。

（四）按断面形式划分

高切坡的断面形式是指高切坡坡面在经过开挖、工程防护或缓坡处理等之后所形成的表面形态。根据断面形式的不同，可将高切坡分为直立式、倾斜式和台阶式。

1. 直立式

直立式的高切坡坡度几乎为 90°，不能为植物提供正常生长所需的条件，基本不能直接对其进行景观绿化。一般是在坡面直接或采用挂网等方式，利用藤本植物对其进行绿化。植物可以在一定程度上软化工程防护带来的强硬感。

2. 倾斜式

倾斜式高切坡因有一定的坡度，对其进行植物造景后可以取得较好的景观效果。在确保边坡稳定的基础上可以采用不同的植物配置形式对其进行绿化。

3. 台阶式

台阶式的坡面处理是目前对高切坡进行缓坡处理的一种常用方式。坡面进行台阶式处理，不仅可以减缓坡度，在一定程度上确保边坡的稳定，还可以利用台阶种植较大的乔木，增加边坡景观的层次，丰富边坡景观类型。另外，还可以利用台阶做成人行小径，加强人在边坡景观中的参与性。

（五）按分布情况划分

由于地形的限制，道路在建设过程中，相对于道路高程而言，高切坡会出现上边坡、下边坡。分布情况的差异以及稳定性的要求，使得上下边坡在植物造景上会有所不同。

1. 上边坡

上边坡又称路堑边坡，是对高于路基高程地段的边坡进行开挖所形成的坡面。对于稳定的土质上边坡，可以直接种植植物，既能增强边坡景观效果，又能起到固土护坡的作用。对于不稳定的土质上边坡或岩质上边坡，一般先采取适当的工程措施增强上边坡的稳定性，再利用植物进行景观营造，起到提升景观效果和软化坡面的作用。

2. 下边坡

下边坡又称路堤边坡，是对低于路基高程的地段进行填方所形成的。下边坡的立地条件比较优越，除比较干旱的地区外，在下边坡种植草本和灌木群落都比较容易。可以通过禾本科和豆科植物的混播方式建植草本群落，达到全面覆盖的效果。在降雨量比较大的地方，可以使取菱形方格，与植物一起保护路堤。

三、高切坡植物造景的功能

道路高切坡良好的植物景观，不仅可以改善人们的行车环境，还能在一定程度上恢复因开挖而被破坏的生态环境，确保高切坡的安全稳定。就植物造景的功能而言，概括起来主要有生态修复、安全稳定、经济实用、增加景观多样性以及保护生物多样性五个方面，下面就这五个方面分别进行说明。

（一）生态修复

生态修复是指对生态系统停止人为干扰，以减轻负荷压力，依靠生态系统的自我调节能力和自我组织能力，使其向有序的方向进行演化，或者利用生态系统的这种自我恢复能力，辅以人工措施，使遭到破坏的生态系统逐步恢复或使生态系统向良性循环方向发展。道路的建设、边坡的开挖影响了坡面的生态环境，对高切坡的坡面进行植物造景，是为实现生态修复而采取的人工措施，是进行生态修复的一个手段。通过植物造景，建立植物群落，利用植物降低周围环境中光污染、噪声污染等污染的能力来改善周围环境，进而完成对边坡的生态修复。

植物可以吸收多方位反射的太阳光，减弱强光的反射；通过光合作用吸收二氧化碳，同时放出氧气，有些植物还能吸收大气中的有害气体、尘埃以及汽车尾气等；有效地吸收噪声，降低噪声污染。道路上行驶的车辆由于气流摩擦、燃油能量转化等过程，会使道路的小环境湿度降低、温度升高，园林植物可以调节小气候的温度和湿度，创造一种舒适的行车环境。

（二）安全稳定

1. 安全通行环境

城市道路是连接城市各个功能分区的纽带，是城市的框架，它对整个城市的功能分区、城市交通、城市景观等都有着重要的意义，其主要的功能是交通运输功能。道路是市民日常活动以及货物运输的重要通道，确保城市道路的运输安全是至关重要的。

对城市道路建设中形成的高切坡进行园林植物造景设计，根据植物的花期、季相变化特点等，选择不同的植物种类进行合理搭配，形成优美的道路边坡景观。景色宜人的交通运输环境可以使道路的使用者心情愉悦，营造良好的视觉环境，降低司机的疲劳感，减少安全事故的发生。

进行植物造景可以软化工程防护带来的强硬感，减轻带给心理的压抑感。另外，对转弯处的高切坡进行视线诱导栽植，隧道洞口进行明暗适应栽植，道路两边的边坡底部进行防撞缓冲栽植等，都可以在提升景观质量的基础上防止事故的发生，提高城市道路的安全运输能力。

对道路旁的高切坡进行植物造景设计，通过对不同植物种类进行合理的搭配，创造不同的景色，在道路沿线营造不同的景观。这样不仅可以提高道路沿线的景观质量，还能使司机、乘客和行人欣赏不同的景观，提高视觉环境质量。优美的景观可以使人心情愉悦，也可以有效地消除司机的疲劳，减少交通事故的发生。

2.稳定边坡，减少地质灾害

高切坡的表层土壤在降雨的作用下容易发生侵蚀，从而造成水土流失，在其坡面进行植物种植，可以利用植物浓密的枝叶有效地降低雨水对表层土壤的冲刷作用，从而减少坡面的侵蚀和水土流失。

植物的根系在土壤中呈辐射状发展，形成密集的网状结构，增强了土壤的内聚力，提高了土壤的强度。有些植物还能分泌有机物，将土壤颗粒紧密地粘连在一起，起到固土的作用，这种作用会随着植物的生长变得越来越强，有效增强了边坡的稳定性。

（三）经济实用

工程防护在边坡的防护方面确实取得了较好的效果，但工程造价较高，并且随着时间的推移，混凝土墙面、浆砌片石坡面都会出现风化、老化的现象，结构强度较低，防护效果也会随之减弱，后期整治费用也相对较高。而对高切坡进行植物造景，不仅可以美化环境，还能解决工程防护带来的一系列问题。随着时间的推移，植物不断生长，边坡的稳定性会日益加强。

（四）增加景观多样性

1. 丰富景观类型

城市道路景观是城市景观的重要组成部分。道路建设形成的高切坡在采取工程防护后，形成了大量的硬质景观，严重影响了城市道路景观质量，也破坏了城市景观的整体效果。对城市道路两旁的高切坡进行植物造景设计，不仅丰富了城市道路景观，还增加了道路景观的类型。

城市道路景观是由城市道路中的地形、植物、建筑物、构筑物、绿化、小品等各种不同的物理形态组成的。对高切坡进行植物造景设计，可以有效地遮蔽道路建设中形成的灰白面，协调周围环境，丰富植物种类，增加植物的覆盖度，提高城市的绿化总量，同时还能体现特有的主题或文化特色，形成城市的标志景观。对城市道路景观具有调整和再造的功能。城市道路景观包含中央分隔带景观、人行道景观以及两侧边坡景观等。道路两侧的边坡景观属于城市立体绿化中的坡面绿化，对高切坡进行适当的植物造景设计体现了立体绿化在城市景观建设中的应用。在广泛提倡城市立体绿化的今天，边坡景观设计应该受到重视。

2. 彰显道路特色

城市道路景观是城市景观中重要的线性景观，是展现城市地域文化和特色的有效平台。每个城市都有自己的自然要素、生活文化要素等，这些是一个城市不同于其他城市的特色，但随着工业社会的急速发展，人们的交往越来越频繁，各地文化趋同。在这种情况下，体现自己的地域性特色显得格外重要。高切坡的形态特点使得它成了展示这种特色的良好平台。在对高切坡进行园林植物造景设计的时候，只有注重民族性与地域性，才具有维持与发展的生命力，才能有效促进城市文化继承、发展，同时也符合当前可持续发展的原则。

（五）保护生物多样性

生物多样性是人类赖以生存的条件，是社会可持续发展的基础。生物多样性是生态平衡的前提条件，每一个物种都是相互依存、相互制约的，物种多样性的破坏直接打破了生态平衡。道路的建设、高切坡的形成对原有环境和植物都造成了破坏。对高切坡进行园林植物造景设计，根据适地适树的原则选择适合的植物种类，充分发挥植被的恢复能力，丰富植物种类，起到保护生物多样性的作用。

四、高切坡植物景观特点

高切坡作为城市道路的组成部分，依附于道路系统分布，因其独特的形态特征和立地条件，其绿化景观具有不同于其他景观的特点。

（一）平面布局的线性化

线性一词就城市而言，一般是指道路系统。在城市构成要素中，道路系统呈线性分布，其他构成要素都沿着道路布置并与它联系，高切坡亦是如此。城市道路高切坡依附于道路系统，因此其绿化景观也呈线性分布。城市道路作为公共空间，沿线景观为人们提供了认识城市、了解城市的平台，人们能直接地、经常地欣赏道路沿线包括高切坡绿化景观在内的线性景观。

（二）立体空间的层次化

高切坡绿化景观存在于具有一定高度落差的高切坡坡面上，是利用植物向空间发展的一种景观形式。高切坡坡面绿化属于立体绿化的一种。随着城市规模的不断扩大，城市中绿化用地越来越少，立体绿化成为增加城市绿化总量和绿化覆盖率的一种重要方式。城市道路的大规模建设使得高切坡大量形成，其"高""陡"的形态特征正好为立体绿化提供了天然的条件。

（三）视觉感受的动态化

高切坡植物景观是道路景观的一个组成部分，车行道路景观营造时特别需要注意的是人的动态视觉。动态视觉是具有相对性的，运动感是在目击了一系列目标的变化之后才会在视觉上出现，它与速度有着密切的关系。所以对于机动车的使用者而言，其有着明显的动态视觉，尤其是在设计车速较快的城市快速路上行驶时。当司乘人员从快速移动的车窗去看道路旁的边坡景观时，容易在移动的过程中快速形成对景观的印象，将不同地段的边坡景观连成一串，把握景观的序列、变化，形成对整个城市边坡景观的一个总体印象。

（四）景观信息的多元化

道路景观由自然的和人文的、有形的和无形的多种元素构成。高切坡景观作为道路景观的有机组成部分，在不对道路交通运输功能的发挥形成阻碍的前提下，被赋予了一定的历史、文化、地域和民俗等内涵。在提升视觉质量的同时，人们开始重视景观设计带给人们听觉和嗅觉方面的感受，清脆的鸟鸣、混杂着淡淡青草味的新鲜空气都能给驾驶人和游客带来轻松愉悦的感受。

五、高切坡植物景观类型

高切坡的植物景观因为坡度、土壤条件、地理位置以及景观需求等方面的不同而不同。下面就从不同的角度对高切坡植物景观进行分类，主要从植物景观的功能、植物配置模式以及植物的布局方式三个方面对高切坡景观进行分类。

（一）按植物景观的功能划分

高切坡植物景观的功能取决于在坡面进行植物种植的目的。坡面植物种植既可以起到固土护坡的作用，也能起到提升高切坡的景观质量的作用，目的不同达到的效果就会不一样。根据高切坡坡面植物种植的主要功能，可以将高切坡植物景观划分为景观型、防护型和复合型。

1. 景观型

顾名思义，景观型高切坡注重的是利用不同植物的配置，提升高切坡的景观效果。这类高切坡的坡度相对较缓，坡体在一般情况下是稳定的，或者已经经过防治处理，处于稳定的状态。位于城市主干道或对景观需求较高的路段两侧的高切坡一般属于这个类型。景观型高切坡通过形态、色彩、季相等不同的植物的搭配，达到修饰坡面、美化环境的效果，从而提升高切坡的植物景观效果。

2. 防护型

防护型高切坡所指的防护不同于工程防护，是指利用植物及其根系的作用对高切坡坡体起到固土护坡的作用：或者是在工程防护的基础上，利用植物遮蔽工程防护带来的强硬感，并防止工程防护材料遭受风化等自然作用的一种防护型植物景观。防护型高切坡主要分为两种情况，一种是坡度较陡，不适合进行植物造景，坡面植物对工程防护材料起到遮蔽和保护的作用；另一种坡度较缓，处于对景观效果要求较低的路段，利用植物对坡体起到稳定防护的作用。总体说来，防护型高切坡在景观效果方面考虑较少，主要是起保护的作用。

3. 复合型

复合型高切坡是兼顾景观效果和防护的植物景观类型。这类高切坡一般位于对景观需求较高的路段，但坡面的实际情况对植物种类的选择和植物的种植都有很大的限制。例如，重庆市石板坡长江大桥的北侧，即石黄隧道的南侧高切坡较为陡峭。坡体顶部有众多民用建筑，坡脚处是重要的交通要道，早期的边坡治理留下了苍白的混凝土坡面，影响了整个片区的美观。在前期的改造工程中，采用大量植物对其进行了景观治理。在坡顶利用悬吊植物遮挡边坡上部表面，坡脚利用攀缘性植物遮挡边坡的中部，并在坡脚种植灌木。

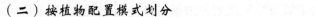

（二）按植物配置模式划分

1. 草坡型

该类型是边坡景观的主要类型之一。由于高切坡自身的形态特征，这种景观形式较多被用到。草坡型高切坡植物景观由单一的或复合草种及地被植物形成。单一草种形成的草坡平整、舒展、雅致；暖季型和冷季型草种形成的复合草坡，四季绿茵，清纯喜人；草种和花种混播形成的缀花草坡，兼有绿茵和色彩，景观效果自然生动。草地的优点在于，它不仅可以在土质和水分好的缓坡上生长，还可在悬崖绝壁、非常陡峭的岩石坡面上生长。

藤本植物覆盖陡峭的坡面，也是一种行之有效的生物护坡技术措施，效果类似于草坡型植物景观。藤本植物多具有不定根、吸盘或卷须，有爬蔓、缠绕、吸附、垂挂等生态特性，能适应各种恶劣的环境条件，甚至可以在 90°的岩性坡面上向上延伸，而且生长速度快，能很快覆盖裸露的坡面，绿化和固土护坡效果显著。

2. 灌木型

灌木护坡的景观类型多用于采取了工程防护的边坡，一般是坡度小于 1∶1 的边坡，由于坡度的限制，在高切坡的植物景观设计中较少用到。可以先在坡面上设置单层或双层的衬砌拱，后在拱圈内种植一种或多种灌木，发育后的灌木根系发达，固土保水能力很强，能有效地防止水土流失，而且景观优美、自然。

3. 草灌型

在边坡植草或地被植物的基础上，布置一定数量的灌木，形成灌木草地结构景观，是植物护坡比较好的一种形式。它避免了纯灌木护坡栽植初期因覆盖度不够，而不能完全防止水土流失的问题，又给纯草地增加了层次，强化了景观效果。特别是在嫩绿草地的一侧或边缘，或中间群植花灌木，犹如在地毯上镶边、绣花一般。因此，草灌混栽的护坡景观形式经常被运用。

4. 混合型

路堑边坡护坡常采用挡土墙防止坍塌。在工程设计中挡土墙是由砖石、混凝土、钢筋混凝土等材料砌成的，与路面垂直或后倾站立。以往对挡土墙的设计只注意工程安全，较少考虑景观效果，故一般挡土墙构筑物显得生硬、呆板，与周围环境不协调。为建设生态、环保、与景观相结合的道路，要求在设计挡土墙时，在满足防护功能要求的前提下，对挡土墙要进行软化处理，采用绿色植物来绿化、美化挡土墙，使挡土墙形成一道独特美丽的风景线。

（三）按植物布局方式划分

1. 散植型

散植型高切坡植物景观一般是先利用草本植物铺满坡面，再在坡面上散植灌木或小乔木。散植的灌木或小乔木丰富了坡面的层次，丰富了植物景观。这类高切坡坡度一般较缓，多为土质高切坡，坡面适合种植灌木或小乔木。散植型的高切坡植物景观多采用乡土植物，植物布局比较自然，给人舒适的感觉。

2. 图案型

图案型高切坡植物景观是指利用不同植物的形态、色彩等特性按照一定的布局形式种植，组成某种图案的植物景观。这类高切坡一般位于对景观需求较高的路段，坡度适中，刚好符合道路使用者的观察视点，图案的体量一般较大，才能符合道路上司乘人员动态视觉特征。图案型高切坡利用特色的植物组成特定的图案，表达了不同的含义，是城市特色的良好体现。图案型植物景观容易给人留下深刻的印象，利于突出道路的特点，也容易让人们立马意识到自己所处的地理位置，起到导向的作用。

3. 密林型

密林型高切坡植物景观多为土质高切坡，坡体比较稳定，土质条件较好，适宜种植乔木。密林型高切坡多依山而建，种植的大量的乔木在一定程度上增加了城市绿化的总量。由于乔木的体量一般较大，密林型高切坡还具有很好的遮蔽效果。但是乔木的生长年限较长，不能快速地起到绿化的效果，一般不适合新建的高切坡。

4. 林带型

林带型高切坡植物景观是指坡顶或坡脚的植物形成林带的植物景观。这类高切坡一般较陡，多为岩质或土石混合高切坡，坡面不适合进行植物栽植，为了增强景观效果，一般在坡顶或坡脚进行植物的种植。首先在坡顶的边缘或坡脚内侧进行垂吊植物或藤本植物的种植，形成上垂下爬的景观效果，覆盖坡面，软化坡面的强硬感；其次在坡顶或坡脚进行乔木或灌木的栽植，增加植物景观的层次感。

5. 规则型

规则型高切坡植物景观是指坡面的植物采用规则式种植方式。规则型植物景观主要有两种形式。一种是由于高切坡自身的形态特征，规则型高切坡一般是对坡面采用方形、菱形、拱形等不同形式的框架防护后，在框架内进行植物种植的类型；另一种是在坡度较缓的土质高切坡上进行规则式的植物种植。这类高切坡多种植草本植物或灌木，前一种形式的高切坡植物景观是由于表层土壤厚度较薄，后一种形式是由于土质高切坡一般不适宜种植乔木。

六、高切坡植物造景的目标与基本要求

（一）高切坡植物造景的目标

高切坡在进行工程防护后一般都留下了大量的灰白面，影响城市景观的整体效果。有些工程防护虽然注重景观方面的效果，但也是留下的

大量硬质景观，给人以生硬的感觉。为了使高切坡的外观与周围环境更加协调，植被护坡的方式被广泛应用。在高切坡上进行植被种植的时候，为了提高景观质量，还需要对植被进行必要的景观设计。在对高切坡进行园林植物造景设计的时候，应该结合高切坡自身的特点，从"以人为本""可持续发展"的角度出发进行合理的植物造景。在造景设计时的一般目标如下。

（1）土质高切坡应解决原有植物与坡面的不协调的问题，最大程度地保留边坡上的植被以及边坡周围已有的植被。

（2）通过种植新植物或恢复原有植被，尽可能使边坡的景观效果与周围环境统一。

（3）高切坡的植物造景设计应该尽可能地自然化，积极采用乡土植物和天然景观材料，尽量避免使用人造材料和仿制材料。

（4）高切坡的景观效果应该追求简洁，边坡景观治理所采用的工程措施以及景观设计方法越少，边坡与周围环境的结合越紧密。

（5）解决高切坡外观的不协调的问题，在采用人造材料或修建土木工程结构的部位，必须设法解决人造材料或修建的土木工程结构给高切坡造成的景观的不协调的问题。

（6）高切坡植物造景应该有利于周围生态环境的恢复和持久保持。

（7）高切坡的造景设计必须遵循一般边坡的景观美学原则：和谐一致、比例协调、图案搭配和纹理具有规律性、合适的色调与反光度。

（二）高切坡植物造景的基本要求

对城市道路高切坡进行植物造景，是在确保高切坡稳定的基础上，提升高切坡景观的质量。为了确保高切坡的稳定以及景观效果，高切坡植物造景的基本要求如下。

（1）植物护坡技术应与道路工程防护有机结合，在满足道路的交通功能需求的前提下，根据高切坡具体情况采取合适的方法进行植物造景。

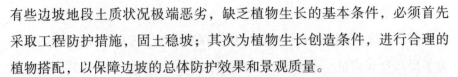

有些边坡地段土质状况极端恶劣，缺乏植物生长的基本条件，必须首先采取工程防护措施，固土稳坡；其次为植物生长创造条件，进行合理的植物搭配，以保障边坡的总体防护效果和景观质量。

（2）以边坡防护为主，兼顾改善景观，美化路容。在边坡稳定的基础上，设计景观，注重景观与周围环境的协调，注重与当地社会环境和人文景观的结合，充分利用这些资源。

（3）以生态效益和社会效益为主，兼顾经济效益。植物选择要贯彻适地适树原则，在植被调查的基础上，大量应用当地野生的、生长健壮的、适应性强的乡土乔木、灌木、藤本、草本植物。根据边坡的生境条件，宜栽则栽，宜喷则喷，大量运用客土喷播技术，在保证生态防护效果的同时尽可能节约资金。

（4）遵循生态学原则。创造与自然相适应的护坡植物群落，补偿修建道路对环境的损害。按照植物演替规律，将具有不同生态特征的各类植物配置在一起，构建结构与布局合理的道路生态护坡绿地系统以及稳定多样的植物群落景观。

（5）系统性和多样性相结合，突出地域特色，与路域景观相协调，创造多样化景观。在追求防护效应的同时，突出景观效果，在总体统一的前提下，根据不同坡面所处的环境的条件，创造与之相适应的护坡绿化景观，做到简洁而不简单，变化而不凌乱，追求整体道路空间观赏效果，形成车移景移的绿色生态走廊。

（6）安全要求。道路高切坡一般属于人工切坡，无论是土质路堑地段还是岩石地段，高切坡的稳定性都极其重要。高切坡失稳所产生的破坏作用、经济损失要比一般边坡的大。高切坡的坡体多以岩质坡体为主，由于岩石自身的物理特性，岩质边坡的破坏作用又要比土质边坡的要大。高切坡的问题往往是和大型的、重要的工程建设联系在一起的，不管是前期的开挖建设阶段，还是后期的稳定防护阶段，都要将安全问题放到首要位置考虑，做到真正的万无一失，才能避免地质灾害的发生，否则会带来很大的损失。

七、城市道路高切坡园林植物造景设计对策

（一）基于生态防护的植物造景设计

生态防护是高切坡植物景观具有的重要功能之一。高切坡的形成对周围环境造成了一定程度的污染和破坏，通过合理的植物种植和搭配，可以有效保护生态环境。

1. 采用固土护坡植物

生态防护是建立在坡体稳定的基础上的。由上文的分析可以知道，植物的固土护坡作用主要取决于根系对坡体的力学效应以及植被的水文效应。在对植物进行选择时除了要考虑植物的观赏特性以外，还应该注意根系是否发达、根系固土护坡能力的强弱等方面。只有确保了高切坡的稳定，才能创造宜人的植物景观。

2. 采用乡土植物

乡土植物的产地在当地或者源于当地，最能适应当地的生境条件，其生理、遗传、形态特征等生物学、生态学特性与当地的自然条件相适应，能很好地适应当地的自然环境。乡土植物较强的适应能力以及顽强的生命力，为适应高切坡坡面较差的立地条件创造了可能，并且乡土植物的后期养护管理要求低，能与周围的环境融为一体。乡土植物在植物造景中常常被人们忽略，事实上大量地使用乡土植物不仅在生态性方面具有优势，还能创造出具有地方特色的植物景观。

3. 注重与周围环境的协调

边坡的开挖破坏了环境，在进行植物造景前，应对边坡附近进行相应情况调查，看周围环境中主要有何种植物，分别从树种、灌木种类、草种等方面加以调查。在进行高切坡植物造景时以此作为参考，在群落

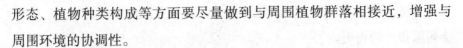

形态、植物种类构成等方面要尽量做到与周围植物群落相接近，增强与周围环境的协调性。

4. 植物群落的建立

坡面植物的健康生长是高切坡植物景观对坡体进行生态防护的前提条件。要确保坡面植物的健康生长，必须在坡面建立稳定的植物群落，这样才能抵御各种各样的自然灾害。对于土质高切坡而言，其表土处于不稳定状态时，植物难以在坡面生长和固定，所以必须采取适当的措施稳定表土，为植物的生长提供条件。对于岩质或土石混合高切坡而言，必须提供植物生长的条件，通过人工辅助的方法，促进自然恢复力的发挥。

在对高切坡进行植物造景时，应考虑人工辅助自然植物群落的构建。只有在水文效应、改善环境能力、护坡固土等各种功能方面和天然植物群落具有相似的功能，才能更好地发挥植被对坡体的生态防护作用。

（二）基于景观效果的植物造景设计

景观效果是高切坡植物景观设计时需考虑的较为重要的一个方面。高切坡的形成不仅对周围环境造成了破坏，也严重影响了城市道路的景观质量。通过不同植物种类的合理搭配，形成优美的植物景观，有助于提升城市的整体景观效果，丰富城市的植物景观。

1. 多样化设计

景观的多样化设计是结合景观服务对象以及环境，形成丰富、复杂、和谐的景观。对于高切坡植物景观而言，多样化设计主要表现在植物种类、配置形式、植物群落的构建以及工程措施等方面。以人的感受为基础，注重对边坡生态环境的防护，结合艺术文化和地域特色，合理地选择植物种类以及种植形式，形成景观丰富、层次多样的景观效果。

2. 个性化设计

每个城市都有不同于别的城市的地域特色和历史文化，在对高切坡进行植物造景的时候，在植物景观中融入丰富的地域文化内涵，不仅能传承历史文化，还能彰显地域特色，彰显城市个性，更容易让人印象深刻。个性化设计主要从植物种类的选择和植物配置的形式上着手。

3. 立体化设计

城市的建设使得立体绿化成了城市园林建设中增加绿化总量和绿化覆盖率的一种有效的方式。城市道路立体化的发展也使道路景观必须符合观察视点的变化。高切坡的自身条件为植物景观立体化设计提供了得天独厚的条件，其"高""陡"的形态特征正好满足了道路立体化带来的景观观察视点的改变。

4. 自然化设计

自然化设计主要体现在植物种类的选择和配置形式上。在植物的选择上，尽量选择乡土植物。在配置形式上，要以自然植物群落构成为依据，模仿自然群落组合方式和配置形式，合理选择配置植物，避免物种单一、整齐划一的配置形式，尽量做到与自然群落近似。

（三）基于安全稳定的植物造景设计

安全稳定的高切坡环境对城市道路的交通功能的发挥有着至关重要的影响。裸露的高切坡不仅稳定性差，还不利于营造安全的行车环境。高切坡的失稳将产生不可估量的损失。合理的植物种植和搭配，不仅可以保护边坡不受外界条件的影响，还有利于形成景观宜人、安全舒适的行车环境。

1. 缓坡设计

高切坡的坡度一般较大，为了防止高切坡坡度过陡而对环境造成一系列的破坏，在高切坡的坡度设计上采取缓坡的设计可以降低高切坡发生地质灾害的可能性，也更有利于植物在边坡上的正常生长。

2. 韵律性设计

高切坡植物景观的设计要结合道路的流线进行设计，形成具有韵律感的植物景观，创造适宜的行车环境。韵律是指一种律动，当形、线、色、块有规律地重复出现或富有变化地重复排列时，就可获得韵律感。在设计植物搭配形成的图案时，确定体量时必须考虑道路使用者的视觉特性。

八、城市道路高切坡园林植物景观的配置形式

（一）地被式

地被式是采用地被植物覆盖坡面、增加绿化总量的一种植物景观配置形式。地被形式的植物配置方式多用于坡度较陡且坡面不适合进行植物种植的高切坡。这类高切坡的坡体在一般情况下处于稳定的状态，可以利用地被植物增加绿化的面积、软化坡面。

地被植物多是多年生草本植物和低矮丛生、枝叶密集或呈匍匐性或呈半蔓性的灌木以及藤本植物。草坪草是人们熟悉的地被植物。地被植物多常绿或绿色期比较长，观赏部位较多，多具有美丽的花朵或果实，观赏价值高。另外，地被植物的根系较为发达，对浅层土壤能起到固定的作用。地被式高切坡植物景观的主要优点有以下几点：种植简便，早期生长快，容易快速形成景观，并且景观效果明显；耐粗放管理。

（二）草灌式

草灌式是指在边坡种植地被植物的基础上，配置一定数量的灌木，形成灌木草坡相结合的植物景观。这种配置形式多用于坡度较缓的土质高切坡或经过工程防护，有一定土层的岩质或土石混合高切坡。可供选择的植物种类较多，容易形成丰富的景观。

草灌式高切坡植物景观不但具有较好的景观效果，而且在护坡上也能起到很好的效果。这种配置形式弥补了地被式的不足，增加了景观的

层次感，提升了景观效果。在嫩绿草地的一侧、边缘或中间群植花灌木，犹如在地毯上镶边、绣花一般，可以展现群落美，同时也可以展现灌木的个体形态美。由于景观效果和护坡效果较好，这种绿化配置形式经常被运用。但草灌式成本较高，早期植物生长较慢，植物覆盖度较低，早期防止土壤侵蚀的效果也不明显。

（三）乔藤式

顾名思义，乔藤式是以藤本植物覆盖坡面，在坡顶或坡脚种植乔木形成林带的形式。该种配置形式一般用于坡度较陡，坡面经过工程防护后不适合种植植物，但坡顶或坡脚可以进行植物种植的高切坡。该类高切坡一般对景观效果有一定要求，乔木的加入增加了景观的丰富度。藤本植物多具有不定根、吸盘或卷须，可以通过攀附、缠绕、吸附的方式生长，也可以垂挂下来覆盖地面，能适应各种恶劣的环境条件，甚至可以在坡度为 90° 的岩性坡面上向上延伸，而且生长速度快，可以很快覆盖裸露的坡面，绿化和固土护坡效果显著。

（四）混合式

混合式是将乔木、灌木、草本植物等多种形态的植物混合种植的配置形式，这种形式可以形成丰富的景观层次，取得良好的景观效果。该种配置形式一般用于坡度较缓且坡面立地条件适合植物生长的边坡，其将不同形态的植物组合在一起，形成整体，力求边坡植物景观与周围环境协调。

第二节　城市广场绿地中的植物造景研究

一、城市广场的分类

城市广场的分类方式多种多样，具体可按如下分类依据进行分类。

（1）依据广场的使用功能分为集会性广场、纪念性广场、交通性广场、商业性广场、文化娱乐休闲广场、儿童游乐广场、附属广场等。

（2）依据广场的尺度关系分为特大型广场、中小型广场等。

（3）依据广场的空间形态分为开放性广场和封闭性广场。

（4）依据广场的材料构成分为以硬质材料为主的广场、以绿化材料为主的广场、以水质材料为主的广场等。

二、现代城市广场绿地规划设计原则

（1）城市广场绿地布局应与城市广场总体布局统一，使绿地成为广场的有机组成部分，从而更好地发挥其主要功能，符合其主要性质要求。

（2）城市广场绿地的功能应根据广场内各功能区的需求来确定。例如，在入口区植物配置应强调绿地的景观效果，休闲区规划则以落叶乔木为主，冬季有阳光照射，夏季可以遮阳，以满足人们户外活动的需要。

（3）城市广场绿地规划应具有清晰的空间层次，独立形成或配合广场周边的建筑、地形等形成优美的广场空间。

（4）城市广场绿地规划设计应与该城市绿化总体风格协调一致，结合城市地理区位特征及植物的生长规律来选择植物种类，突出地方特色，丰富季相景观。

（5）城市广场绿地规划设计应结合城市广场环境和广场的特点，以

提高环境质量和改善小气候为目的，协调好风向、交通、人流等诸多因素。

（6）城市广场绿地规划设计应加强对城市广场上原有的大树的保护，保留原有大树有利于广场景观的形成，有利于体现对自然、历史的尊重，有利于对广场场所感的形成。

三、城市广场绿地规划设计要求

（一）集会广场

集会广场一般用于举行政治、文化集会和游行，庆祝民间传统节日等。这类广场不宜过多布置娱乐性建筑和设施。集会广场一般位于城市中心地区。常用的广场平面形状为矩形、正方形、梯形、圆形或多种几何形状的组合。广场中心一般不设置绿地，但在节日期间，同时又不举行集会时可摆放盆花等，以营造节日热闹、欢乐的气氛。在主席台和观礼台两侧、背面需进行绿化，常配置常绿树，树种要与广场四周建筑相协调，达到美化广场及城市的效果。

集会广场绿地设计的基本原则是在满足广场人口及车辆集散功能需要的前提下，与主体建筑相协调，形成能衬托主体建筑、美化环境、改善城市面貌的丰富景观。基本布局是周边以种植乔木或绿篱为主，广场上种植草坪、设花坛，起交通岛作用，还可设置喷泉、雕塑或山水小品、建筑小品、座椅等。

（二）纪念广场

纪念广场主要是为纪念某些名人或某些事件而建设的广场。它包括陵园广场、陵墓广场等。纪念广场在广场中心或侧面设置突出的纪念标志物，其绿地设计，首先要根据广场的纪念主题确定绿地设计的形式、风格，如庄严、简洁等；其次要选择具有代表性的树木，如广场面积不大时，选择与纪念性主题相协调的树种加以点缀、映衬。塑像旁则宜配置枝叶浓密、苍翠的树种，营造严肃或庄重的气氛；纪念堂侧面铺设草坪，营造安静的环境。

（三）交通广场

交通广场包括站前广场和道路交通广场。交通广场是城市交通系统的有机组成部分，它是连接交通的枢纽，起合理组织交通、集散人流、联系空间、过渡及停车的作用。它应满足畅通无阻、联系方便的要求，有足够的面积及空间保障行车及行人的安全。

交通广场绿地设计要有利于组成交通网，满足车辆集散要求，种植植物时必须保障交通安全，构成完整的、色彩鲜明的绿化体系。绿地形式有绿岛、周边式绿化与地段式绿化三种。绿岛是广场中心的安全岛，可种植乔木、灌木，并与绿篱配置。面积较大的绿岛可设地下通道，围以栏杆。面积较小的绿岛可布置大花坛，种植一年生或多年生花卉，组成各种图案或文字的模纹花坛，也可以种植草皮，以花卉点缀，形成缀花草坪。冬季长的北方城市可将雕像或假山石与绿化结合，形成园林景观。周边式绿化是在广场周围进行绿化，可以种植草皮、矮花木，也可以种植绿篱。地段式绿化是将广场上除行车路线外的地段全部绿化，除种植高大乔木外，配植花草、灌木等，形式活泼，不拘一格。

（四）文化娱乐休闲广场

在现代城市中，文化娱乐休闲广场已成为广大民众喜爱的重要户外活动场所，它可为市民提供缓解精神压力和疲劳的场所。但在城市中的布置要合理，植物造景要灵活多样。

（五）商业广场

商业广场包括集市广场、购物广场，大多采用步行街的布置方式，使商业活动区集中，既便于购物，又可避免人流与车流的交叉，同时可供人们休息、散步等。商业广场绿地规划设计时，应避免出现过多的空间分割，以免降低广场的功能性。

四、广场绿地种植设计的基本形式

（一）排列式种植

排列式种植属于整形式，主要用于广场周围或者长条形地带，用于隔离或遮挡，或作背景。单行的绿化栽植，可将乔木、灌木、花卉相搭配。乔木下面的灌木和花卉要选择耐阴品种，在色彩和体形上注意协调，形成良好的水平景观和立体景观效果。

（二）集团式种植

集团式种植也是整形式的一种，它是为消除成排种植的单调感，把几种树组成一个树丛，有规律地排列在一定地段上的形式。这种形式有丰富浑厚的效果，可用花卉和灌木组成树丛，也可用不同的灌木或（和）乔木组成树丛，植物的高低和色彩都富于变化。

（三）自然式种植

自然式种植是指植物的种植不受统一的株行距限制，而是疏落有序地布置，生动而活泼。这种布置不受地块大小和形状限制，可以巧妙地解决与地下管线的矛盾。自然式树丛的布置要密切结合环境，在管理上要求较高。

（四）花坛式（图案式）种植

花坛式就是图案式种植，是一种规则式种植形式，装饰性极强，材料可以选择花卉、地被植物，也可以选择修剪整齐的低矮小灌木，它是城市广场常用的种植形式之一。花坛的位置及平面轮廓要与广场的平面布局相协调，花坛占城市广场面积一般最大不超过 1/3，最小不小于 1/15。华丽的花坛面积要小些，简洁的花坛面积要大些。为了使花坛的边缘有明显的轮廓，并使种植床内的泥土不因水土流失而污染路面和广场，也为了不使游人因拥挤而践踏花坛里的植物，花坛往往用边缘石和栏杆保护起来，边缘石和栏杆的高度通常为 10～15 cm。也可以在周边用植物材料做矮篱，以替代边缘石或栏杆。

五、城市广场树种选择的原则

城市广场树种的选择要适应当地环境条件，掌握选种的原则、要求，因地制宜，才能达到最佳的绿化效果。在进行城市广场树种选择时，一般遵循以下几条原则（标准）。

（1）冠大荫浓：树冠开展且枝叶茂密的树种夏季可形成大片绿荫，能降低温度、避免行人暴晒。

（2）耐瘠薄土壤：城市中土壤瘠薄，受各种管线或建筑物基础的限制和影响，植物体营养面积很少，补充有限。因此，选择耐瘠薄土壤的树种尤为重要。

（3）深根性：营养面积小，而根系生长能力很强，向较深的土层伸展仍能根深叶茂。特别是在一些沿海城市更应选择深根性的树种，以抵御暴风袭击。而浅根性树种，根系会影响场地的铺装。

（4）耐修剪：广场树木的枝条要求分枝点有一定高度（一般在 2.5 m 左右），侧枝不能刮、碰过往车辆，并具有整齐美观的形象，因此每年要修剪侧枝，树种需有很强的萌芽能力，修剪以后能很快萌发出新枝。

（5）抗病虫害与污染：要选择能抗病虫害且易控制其发展和有特效药防治的树种。选择抗污染、吸收污染物的树种，有利于改善环境。

（6）落花、落果少或无飞毛、飞絮：经常落花、落果或有飞毛、飞絮的树种，容易污染行人的衣物，尤其污染空气，并容易引起呼吸道疾病，因此应选择落花、落果少或无飞毛、飞絮的树种。

（7）发芽早、落叶晚且落叶期整齐：选择发芽早、落叶晚的阔叶树种。落叶期整齐的树种有利于保持城市的环境卫生。

（8）耐旱、耐寒：选择耐旱、耐寒的树种可以保证树木的正常生长发育，减少管理上财力、人力和物力的投入。特别是北方地区，春季干旱，栽种后到当年夏季前需进行养护；冬季严寒，一些树种不能正常越冬，必须予以适当防寒保护。

（9）寿命长：树种的寿命长短影响到城市的绿化效果和管理工作，要延长树的更新周期，必须选择寿命长的树种。

六、广场植物配置的艺术手法

（一）对比和衬托

通过对植物不同形态特征，如高低姿态、叶形叶色、花形花色进行对比或使它们相互烘托，配合广场建筑等其他要素，从整体上营造一定的意境。

（二）韵律、节奏和层次

广场植物配置应注意韵律和节奏，同时应注重植物配置的层次关系，既要有变化，又要相互统一。

（三）色彩和季相

植物的干、叶、花、果实等色彩丰富，可通过对广场植物进行色彩搭配取得良好景观效果。要根据植物四季季相，尤其是春、秋的季相，根据不同季节中植物色彩的变化，营造具有时令特色的景观。

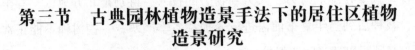

第三节　古典园林植物造景手法下的居住区植物造景研究

一、中国古典园林植物造景手法

（一）天人合一，师法自然

中国传统园林受老庄"天人合一"哲学思想的影响，追求返璞归真，在有限的空间叠山理水、栽植花木等，以典型的自然美之片段为模拟对象，营造建筑与山、水、植物融为一体的景观，或直接利用自然植被，或在园林中模仿自然山林植被景观，形成"虽由人作，宛自天开"的自然山水园。

（二）位置错落，疏密有致

中国传统造园崇尚自然，各种植物景观布置，有时疏可走马，有时密不透风，皆顺应自然。中国古典园林多以建筑、植物等打破园林边界方正、生硬的感觉，寻求自然的意趣，如平直的"实"墙多为曲折的"虚"廊及山石、花木掩映，以廊代墙，以虚代实，产生了空灵感。为打破围墙的闭塞感，在注意植物与建筑"边"的处理的同时，也应注意"角"的处理，避免造成尖锐的直角转角。在建筑一隅种植植物，可在本来局促的角落中营造具有意境的景观；有的还采取布置扇面亭的办法，将人的注意力引向庭院中部的山池。植物配置，或水边石际，或一望成林，或一枝独秀，或三五成丛，虚实掩映，体现自然之美。

（三）主次分明，相得益彰

受中国传统山水画"主景突出，配景烘托"理念的影响，景观无论大小均宜有主景、配景之分，构图先立宾主之位，然后决定近远、高低。

这种传统思想也深刻影响了中国园林植物配置的布局与发展。植物配置的宾主关系需要从两方面理解：一是植物种类的选择，以某一种或者某一类为主，其余植物种类为辅搭配，形成主景突出、配景衬托的植物配置关系。主景是空间构图中心，植物造景的主景必然是植物，以单株栽植或成丛搭配打造视觉焦点，突出主题，富有艺术感染力。二是植物配置上，要通过植物群落配置营造出空间层次丰富的环境，先定主从关系，再根据树冠高低、大小树形的不同确实位置，使其主次关系分明。配景起着衬托主景的作用，突破园林空间范围较小的局限，实现小中见大的空间效果。在这个主要空间的外围与植物配置结合，围合若干次主要空间及局部性小空间，各个空间又与大空间联系起来。这样既各具特色，又主次分明。在空间的对比中，小空间烘托、衬托了主要空间，小空间与大空间的强烈的对比又突出了主要的大空间。

藤蔓类，主要是攀爬类植物，常作为立体绿化的重要组成部分。因其习性攀爬，一般多种植于山石旁、墙壁旁、花架旁，有填补空白、增加园中植物景观层次的效果。园中常用的有蔷薇、常春藤、紫藤、葡萄、络石、爬山虎等，其中紫藤还可以修剪成各种形状，园中较多运用。

（四）季节搭配，色相染景

传统园林很注重运用植物色彩来营造园林景观。按照植物的季相演替和不同花期的特点创造园林时序景观，园林植物配置利用具有较高观赏价值和鲜明色彩的植物的季相，借助自然气象的变化和植物学的特性，来创造四季不同的园林景观，借助园林植物取得特有的艺术效果。春天万物复苏，桃红柳绿，春意盎然；夏日百花齐放、垂柳依依；秋天树叶变黄，落叶铺满地，桂香四溢；冬天银装素裹，枝头开放的梅花迎风而立，更显娇媚。营造季相景观要多选用花、叶、干等具有特殊色彩的树种。常出现的常绿和半常绿花类有杜鹃、广玉兰、栀子等；落叶的有牡丹、月季、桃、紫薇、丁香、菊花、迎春、连翘、海棠、绣球等。其中，牡丹有花王之称，我国唐代大诗人刘禹锡在其诗《赏牡丹》中写道："唯有牡丹真国色，花开时节动京城。"牡丹花大色艳，是园中花台中栽种的主要品种；海棠、紫薇姿态花色都很美，多种植在水滨、山上、庭院中；山茶和桂花常绿且耐阴，花期较长，园中种植较多；冬季万物萧条，迎雪而开的蜡梅和梅花就显得那么皓态孤芳、与众不同，也是冬季主要的观赏植物品种。观秋色叶的植物常见的有枫香、槭树、银杏等，观彩色叶的有南天竹、红枫、红叶李等。

（五）一步一景，层次丰富

中国古典园林作为一种综合的艺术形式，其价值是多方面的。由于受传统文化和审美的影响，中国古代山水画与诗歌艺术都是曲折含蓄、欲语还休的，显得深藏不露、引而不发，中国山水画所特有的散点透视使得画面的透视感并不明显，随着观赏视线的变化而产生景观的变化，体现在古典园林植物造景上便是"步移景异，深藏不露"。中国古典园林一般面积较小，规模的小决定了其造景手法必然是"小中见大"，避免"开门见山"，合理利用庭院空间，把园内"美景"遮挡起来，创造出"有限中见无限"的忽隐忽现的景观效果。古典园林重视运用借景、对景、框景、漏景、障景等植物造景手法，以形成开敞的或封闭的空间，使景色更为丰富。例如，植物与流水结合，以流水动观为主，辅以静观的植物，可以起到分割空间、增加景深和层次的作用。即使是大的空间，如果一览无余，也会感觉变小。相反，层次多，景越深藏，越容易突出主景，深远感和神秘感也随之产生。因此，在较小的范围内造景，为了产生空间扩大的感受，在植物的配置上一方面运用主次分明的对比手法创造最大的景深，另一方面运用掩映的手法增加景物的层次，弱化对比，使人产生空间变大的感受。

（六）借景抒情，托物言志

中国古典园林受诗歌的影响，追求诗意，追求园内构筑物的叠汇堆砌，追求千变万化、内涵丰富之美。有趣的园林植物造景设计可以给人们带来心旷神怡的物境感受，通过精心构思、精巧堆砌可以满足不同人的审美需求。唐宋文人画与山水诗盛行，造园与文人诗画结合，追求"诗情画意写入园林"的艺术效果。中国文学和绘画艺术经常采用拟人、联想的手法将园林植物的生态特征与人类自己特有的情感与意志联系起来，借以表达自己独特的感受与体会，寄情于景。花木的自然美与风韵美相结合，不仅突出了花木的神态，更寄托了园主的情志，表现了园主所追求的境界。文人墨客所赋予花木的象征意义被固定起来，某些种类的花木逐渐成为古典园林中必不可少的植物配置，如梅兰竹菊等。

海棠、玉兰、迎春、牡丹、桂花这几类植物因为有古人所喜欢的"玉兰春富贵"吉祥意义，因而被广泛应用于植物造景设计中。竹四季常绿、不择阴阳、姿态挺秀，古人云"宁可食无肉，不可居无竹"，象征着洒脱超俗的人生追求，其与松、梅被称为"岁寒三友"，在古典园林植物造景中一直占有重要地位。常用的竹有象竹、方竹、紫竹、罗汉竹等。其中，象竹大且直，多成片种植，一般种植在墙角、山上、石间，增添山林野趣，展现了园主生活品位与追求。

二、适用于现代居住区的古典园林植物造景理念——天人合一

中国自古以来受儒、释、道"天人合一"的思想影响，特别是道家推崇的"人法地，地法天，天法道，道法自然"的思想影响，追求再现天地自然之美，认为人们应采取顺应自然、尊崇自然的态度，建立起一种人与自然亲密和谐的关系。这种思想反映在园林植物造景上就是崇尚自然、追求天然本色美，不但植物材料来源于自然，而且注重再现自然状态下植物的色、香、姿等自然面貌，这与现代人环境保护的思想不谋而合。

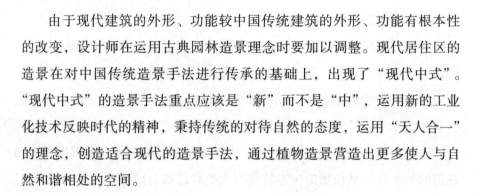

由于现代建筑的外形、功能较中国传统建筑的外形、功能有根本性的改变，设计师在运用古典园林造景理念时要加以调整。现代居住区的造景在对中国传统造景手法进行传承的基础上，出现了"现代中式"。"现代中式"的造景手法重点应该是"新"而不是"中"，运用新的工业化技术反映时代的精神，秉持传统的对待自然的态度，运用"天人合一"的理念，创造适合现代的造景手法，通过植物造景营造出更多使人与自然和谐相处的空间。

（一）植物造景对"天人合一"意境的体现

"天人合一"理念对古典园林植物造景产生了深远的影响。在植物造景原则上，表现为尊重自然，把自然环境、园林景观和人的生活融为有机整体的"人化自然"；在创作手法和形式上，注重自然美与艺术美的结合。中国古代造园大师在构园过程中，第一步就是要创造出一个充满活力、欣欣向荣的具有自然美的环境，实现人与自然的和谐相处。人与自然的和谐共存，首先是对自然环境的尊重，强调要充分保护自然，把植物造景与自然地理条件有机融合起来，营造优美而独特的植物景观。元代绘画大家倪瓒曾参与苏州狮子林叠山的设计，其不求形似的画风不经意地影响到了他的叠山设计，其提取大自然山石之神，通过石模拟自然界的山，配置在园内，营造出了"天地与我并存，而万物与我为一"的境界。

（二）步移景异，层次丰富

古典园林空间灵活多变，多利用植物取得互相渗透、相互障隔的效果。按照艺术构思对景物进行巧妙布局，突破空间局限，使有限的空间表现出无限丰富的园景。通过借景、障景、对景、分景等手法结合建筑、叠山、理水，将有限空间分割成若干空间，通过植物配置加强联系，增加景深，使人工美与自然美统一在植物景观空间之中。由于植物的自然属性的差异，不同植物的色彩、高低、冠形搭配将产生不同的景观效果，引起不同的视觉感受。例如，在一条弯曲幽静的园路周围，分段配置不同的植物，再结合山水、亭台楼阁或栽植大片冠形较大的树木遮挡大部分，突出观赏重点；也可以少量栽植植物或栽植体量较小的植物，使大部分显露，达到弥补景点某些缺陷，突出某些特点的效果。中国古典园林空间较小，注重在有限的空间里内营造出更多的景观，以取得小中见大的空间效果。利用空间大小的对比，结合建筑、植物、叠石、理水等要素，以建筑为主要空间，在建筑周围配置植物，分割若干次要小空间，随着时间的推移，植物四季变化，产生不同观景效果：春天绿意盎然，夏天百花齐放，秋天叶变红黄，冬天银装素裹。

现在居住区为了追求经济利益最大化，满足建筑光照的要求，绿化布局略显单一，而运用中国古典园林造景手法将很好地解决这一问题。

（三）静若处子，动若脱兔

好的艺术品应该符合美学原则和黄金比例，植物景观也是一种艺术品，一样要符合美学原则和黄金比例原则，在植物造景方面，乔木、灌木、地被植物的高低、大小、疏密等可以带来不同的视觉效果，丛植的树丛和树带、篱笆形成的封闭半封闭空间能给人带来隐秘、安全、宁静的氛围，便于放松与思考；绿荫当庭的孤植乔木形成开阔平坦的空间，鲜艳的花丛起到营造空间氛围的作用，为居住区居民的沟通交流、户外活动提供了场地。植物造景采用对立、统一、对称、重复等不同的艺术手法形成不同的景色，带来不同视觉美感。

（四）托物言志，寄情山水

优秀的景观设计应该有动静之分，动观就是游览观赏，静观就是在休憩空间停留下来观赏。居住区绿化的功能之一就是为居民提供休闲、活动的场所。运动的空间应该是动态的，是以自然式或规则式的线条所形成的线性空间，植物沿着空间布局采用规则式或自然式手法形成纵深的空间，具有很强的引导性和方向性。此外，有静观的空间使游人休憩、停留和观景等，其是一种围合、稳定的观赏空间，如小游园、宅前小绿地。

根据植物的天然属性赋予其相对应的人格美德，把植物之美和人格之善完美地融合在一起，使植物拟人化。园林植物可以使观者想到植物所蕴含的文化内涵，让人们产生美好的联想和生活感想，从而体会到造园者的深意。直到现在，人们仍在使用这一手法，栽植树木不仅仅是为了美化环境，同时也是寄托表达自己情志。借助比德手法，创造诗情画意的意境。"景"是景观园林的生命，没有"景"的景观园林就没有生机，更谈不上园林景观的形成。地域的风光也称之为风景。景是园林的主体，是人们欣赏的对象。古人认为"景无情不发，情无景不生"，注重运用丰富的植物文化来增加观赏内容，对自然的模仿并不是盲目的照搬全抄，而是有意识地加以提取、改造、优化。例如，植物与建筑小品的结合，园中植物多遮挡亭台楼阁，古人倡导凡是人眼所能看到的地方，不好的景物都要加以遮挡，优美的景物则要尽收眼底。植物有着独特的历史文化含义，可以让观者"睹物生情"，这使植物成为特定的人文符号，人们可借植物寄托自己的情思，人们在看到植物时可以联想到一定的文化内容，从而跨越时间和空间的界限，获得丰富的情感体验。人们常用柳表达惜别之情；用桂花、玉兰、海棠、牡丹寓意"金玉满堂"，表达人们对美好生活的向往；用"出淤泥而不染，濯清涟而不妖"的荷花比喻自己洁身自好、孤傲之情；以"梅兰竹菊"四君子比喻洁身自好、节操高尚的君子。

现代园林设计师在传统园林所营造的意境的基础上加以发展，探索出更多符合现代人审美情趣的意境。尽管今天的生活方式跟过去相比有了很大的变化，但传统文化历史仍深深影响着人们，传统文化观、自然观、审美习惯仍影响着植物造景。

三、适用于现代居住区的古典园林植物造景手法

（一）空间与布局设计

所谓的植物构成空间功能，是指植物单独作为一种构成空间的要素，与其他设计要素配合，利用形状、颜色、纹理来构成、限定和组织具有特殊质感的空间，并且因其不断生长变化，不断影响和改变着人们的视觉感受。园林中植物是主体，通过采用造景技巧和布局方法，选择具有观赏性或者实用价值的植物，配合周围环境要素可形成不同的植物空间。人们在这些植物空间内可以活动，修身养性。

植物围合空间大体可分为开放性空间（视野开阔，不封闭）、半开放性空间（有开阔视野，有对视线的遮挡）、封闭性空间（四周全被遮挡）、冠下空间、竖向空间等几种形式。绿地系统在居住区中要根据居住区不同的地形条件来选用不同的空间围合方式，如居住区小游园及宅前组团，可设计成一个封闭性空间，从而隔绝外界的噪声，形成一个安静的活动休憩场所。又如，中心绿地的设计，要有明确的功能分区，采用分割、连接、合并等各种手段营造景观空间，围合出满足小区居民需要的绿色空间。再如，充分利用住宅建筑基础与墙角的空间，结合地形设计景观，柔化建筑的生硬线条；在园路两旁，采用乔灌草相结合的多层次的复合配置形式，形成较隐蔽的道路空间，使人产生一种置身芳草鲜美、落英缤纷的世外桃源的空间感受。

在居住区，可通过乔灌草的植物搭配来形成封闭、半开放等不同形式的空间，为居民塑造不同的怡人的环境。

（二）通过植物营造借景、对景、框景、组景、分景等

中国古典园林植物造景，不是简单自然景观的再现，而是通过营造意境、情景交融、托物言志，使观赏者在感知的基础上体会到植物景观

内在的美。中国古典园林借助园林造景手法，如借景、框景、分景、障景、漏景等手法，取得"一步一景、步移景异"的景观效果。

1. 借景

借景是指将园外的景象引入并与园内景象相结合的造园手法，在中国传统园林中经常出现，是有意识地把园外的景物"借"到园内视景范围中来，在有限的空间里塑造层次丰富的景观。这种手法不仅可以弥补空间过小，无法营造丰富景观的不足，还可以减少造价。

2. 对景

对景是指主体、客体之间通过轴线确定视线关系的造景手法，对景容易产生很强的秩序性，让人觉得庄严。运用植物形成对景较易运用，并能烘托庄重、肃穆气氛，在大型公共建筑或者纪念性建筑中使用较多。为了观赏对景，要选择适当的位置，设置供人们休息逗留的场所，作为景观观赏点。动观的对景是在道路端头或转弯的地方设计安排简单有趣的景物，使人们在路上移动时感到有景可赏，如雕塑小品、树丛、枯石、孤植树、喷泉等。

3. 框景

框景对游人有极大的吸引力，一般可利用门框、窗框、树干、树枝等建筑物或植物来框定空间的景色，使之恰如一幅镶嵌在镜框中的图画。框景的作用是把园林景观通过框的限制统一在一幅画的范围内，使人的视线集中在景观的中心，给人以强烈的艺术感染力与吸引力。苏轼《虞美人·深深庭院清明过》中写道："深深庭院清明过。桃李初红破。柳丝搭在玉阑干。帘外潇潇微雨、做轻寒……"其描写的是从窗户看向外面，看到柳丝搭在玉阑干上，雨打在叶子上，这是对框景效果的良好写照。

第四节　屋顶花园植物造景研究

屋顶花园是在各类建筑物、构筑物、桥梁（立交桥）等的顶部、阳台、天台、露台上进行绿化等所形成的景观。屋顶绿化能增加城市绿地面积，改善日趋恶化的人类生存环境；改善因城市高楼大厦林立、道路过多硬质铺装而使自然土地和植物资源日趋减少的现状；改善因过度砍伐自然森林、各种废气污染而形成的城市热岛效应，减轻沙尘暴等对人类的危害；开拓人类绿化空间，建造田园城市，改善人民的居住条件，提高生活质量，美化城市环境。屋顶花园对改善城市生态有着极其重要的意义，是一种值得大力推广的屋面绿化形式。

一、屋顶花园的类型

按屋顶花园的使用功能，通常可将其分为以下几类。

（一）游憩性屋顶花园

这种花园一般属于专用绿地的范畴，其服务对象主要是单位的职工或生活在小区的居民，满足生活和工作在高层空间内的人们对室外活动场所的需求。这种花园入口的设置要充分考虑到出入的方便性，满足使用者的需求。

（二）营利性屋顶花园

这类花园多建在宾馆、酒店、大型商场等的内部，其建造的目的是吸引更多的顾客。这类花园面积一般超过 1 000 m²，空间比较大，在花园内可为顾客设置一些服务性的设施，如茶座等，也可布置一些园林小品，植物景观要精美，必要时可考虑采用景观照明。

（三）家庭式屋顶花园

随着社会经济的发展，人们的居住条件越来越好，多层式、阶梯式住宅公寓出现，使这类屋顶花园走入了家庭。这类花园面积较小，主要侧重植物配置，但可以充分利用空间进行垂直绿化，种植一些名贵花草，布设一些精美的小品，如小水景、小藤架、小凉亭等，还可以布置一些趣味性景观。

（四）科研性屋顶花园

这类花园主要是指一些科研性机构为进行植物研究所建造的屋顶试验地。虽然其并不是从绿化的角度出发建造的，但也是屋顶绿化的一种形式，其一般以规则式种植为主。

二、屋顶花园种植设计的原则

（一）选择耐旱、抗寒性强的矮灌木和草本植物

屋顶花园夏季气温高、风大、土层保湿性能差，冬季则保温性差，因而应选择耐干旱、抗寒性强的植物，同时考虑到屋顶的特殊地理环境和承重的要求，应注意多选择矮小的灌木和草本植物，以利于植物的运输、栽种和养护。

（二）选择阳性、耐瘠薄的浅根系植物

屋顶花园大部分地方为全日照直射，光照强度大，植物应尽量选用阳性植物，但在某些特定的小环境中，如花架下面或靠墙边的地方，日照时间较短，可适当选用一些半阳性的植物种类，以丰富屋顶花园的植物品种。屋顶的种植层较薄，为了防止根系对屋顶建筑结构的侵蚀，应尽量选择浅根系的植物。因施用肥料会影响周围环境的卫生状况，故屋顶花园应尽量种植耐瘠薄的植物种类。

（三）选择抗风、不易倒伏、耐积水的植物种类

屋顶上空风力一般比地面大，特别是雨季或台风来临时，风雨交加，对植物的生存危害很大，加上屋顶种植层薄、土壤的蓄水性能差，一旦下暴雨，易造成短时积水，故应尽可能选择一些抗风、不易倒伏、耐短时积水的植物。

（四）主要选择常绿植物及冬季能露地越冬的植物

营建屋顶花园的目的是增加城市的绿化面积，美化"第五立面"，因此，屋顶花园的植物应尽可能以常绿植物为主，宜用叶形和株形秀丽的品种。为了使屋顶花园更加绚丽多彩，营造丰富的季相景观，还可适当栽植一些彩叶树种。另外，在条件许可的情况下，可布置一些盆栽的时令花卉，使花园四季有花。

（五）尽量选用乡土植物，适当选用新品种

乡土植物对当地的气候有较高的适应性，在环境相对恶劣的屋顶花园，选用乡土植物有事半功倍之效。同时，考虑到屋顶花园的面积一般较小，为将其布置得较为精致，可选用一些观赏价值较高的新品种，以提高屋顶花园的景观质量。

三、屋顶花园植物种植设计的要点

（1）屋顶花园一般土层较薄而风力又比地面大，易造成植物的"风倒"现象，因此要考虑各类植物生长及发育的种植土最小厚度、排水层厚度与平均荷载值。

（2）乔木、大灌木尽量种植在承重墙或承重柱上。

（3）评估屋顶花园的日照条件时要考虑周围建筑物对植物的遮挡，在阴影区应配置耐阴植物，还要注意建筑物的反射和聚光情况，以免灼烧植物。

（4）根据选择的植物种类不同，科学设计种植区结构并确定种植土的配比。

参考文献

[1] 江胜利，金荷仙，许小连 . 园林植物滞尘功能研究概述 [J]. 林业科技开发，2011（6）：5-9.

[2] 戚继忠 . 园林植物功能与功能景观 [J]. 北华大学学报（自然科学版），2006，7（1）：71-74.

[3] 吕雯雯，朱达黄 . 园林植物环境艺术设计的发展与创新 [J]. 核农学报，2022，36（9）：1904-1905.

[4] 张青琳 . 植物造景在园林景观设计中的应用探讨 [J]. 居舍，2022（18）：124-127.

[5] 穆凯 . 园林植物造景审美基础与实践 [J]. 山西林业，2022（2）：42-43.

[6] 徐明霞 . 园林景观设计的艺术手法与技巧：评《园林植物造景设计》[J]. 世界林业研究，2022，35（2）：139.

[7] 郭谚松 . 分析园林植物造景的问题及相关解决措施 [J]. 新农业，2021（12）：8.

[8] 何进，张云峰 . 植物造景在园林景观设计中的应用：评《园林植物造景与设计》[J]. 植物学报，2020，55（4）：530.

[9] 邱巧玲，古德泉，李剑 . 光影在自然式园林植物造景中的运用 [J]. 中国园林，2017，33（4）：92-96.

[10] 林瑞.论园林植物造景的互动性[J].中华文化论坛，2016，2（2）：74-78.

[11] 陈丹竹，孟祥彬，刘凤英.论园林植物造景的文化性[J].四川建筑科学研究，2015，41（3）：172-174，179.

[12] 颜琳.浅析中国古典园林植物造景的时序性[J].广东园林，2008，30（1）：18-19.

[13] 王浩，江岚.现代园林植物造景意境研究："点"空间植物造景设计初探[J].规划师，2005，21（7）：101-103.

[14] 徐平.现代化居住区景观设计的植物造景美学探思[J].中国住宅设施，2022（4）：34-36.

[15] 张元康，王秀荣，杨婷.园林植物叶色季相色彩与审美关系研究[J].中国农学通报，2021，37（31）：61-69.

[16] 张玉玉，徐丽华，施益军，等.园林植物景观空间营造方法研究进展[J].北方园艺，2020（9）：150-156.

[17] 陈昱成.园林植物的季相变化及其对景观效果的影响[J].现代园艺，2020，43（9）：172-173.

[18] 邢月.植物造景的形态美学[J].美术文献，2020（6）：112-113.

[19] 余玉娟.浅谈植物造景的美学原理[J].现代园艺，2021，44（18）：83-85.

[20] 段诚君.城市园林植物配置设计中关于营造意境的思考[J].农业与技术，2020，40（3）：139-140.

[21] 沙新美.园林植物季相变化对园林空间景观营造的影响[J].分子植物育种，2018，16（9）：3078-3084.

[22] 甘灿，万华，龙岳林.虚与实在园林植物空间营造中的诠释[J].中国园林，2017，33（6）：72-76.

[23] 陈晓刚，林辉．城市园林植物景观设计之意境营造研究 [J]. 城市发展研究，2015，22（7）：1-3，11.

[24] 孟南，赵润江．浅谈园林植物造景的美学与配置 [J]. 现代园艺，2009（1）：53-54.

[25] 陆金森，龚鹏，陈飞平．中国古典园林植物造景法则"涵蕴意境"诠释 [J]. 江西农业大学学报（社会科学版），2007，6（4）：123-125.

[26] 许剑峰，汪芳．园林植物与山石配置分析 [J]. 绿色科技，2018（19）：32-33，36.

[27] 车生泉，郑丽蓉．植物配置系列：园林植物与山石配置 [J]. 园林，2004（11）：16-17.

[28] 李士会．景观设计中园林植物文化意蕴体现方法 [J]. 现代农业科技，2021（23）：122-123.

[29] 周云鹤，陈已任，刘永帮，等．江南园林植物景观文化意蕴探究：以拙政园为例 [J]. 安徽农业科学，2021，49（17）：112-113，116.

[30] 宋智超，顾华均．低碳理念在城市园林植物景观设计中的渗透 [J]. 智能建筑与智慧城市，2021（12）：122-123.

[31] 陶薪宇，郝培尧，董丽，等．浅谈低碳园林植物景观设计 [J]. 景观设计，2021（4）：126-129.

[32] 吴方方．探析低碳理念在城市园林植物景观设计中的应用 [J]. 现代园艺，2020，43（24）：99-100.

[33] 方威．能源节约型园林理论与实践研究 [D]. 北京：北京林业大学，2010.

[34] 刘佳妮．园林植物降噪功能研究 [D]. 杭州：浙江大学，2007.

[35]　杨蕊．城市湿地公园园林植物造景研究：以昌邑市潍水风情湿地公园为例 [D]．泰安：山东农业大学，2014.

[36]　王彦予．昆明市园林植物配置与造景特色研究 [D]．福州：福建农林大学，2013.

[37]　李冠衡．从园林植物景观评价的角度探讨植物造景艺术 [D]．北京：北京林业大学，2010.

[38]　毕丽霞．长沙市生态园林植物造景及发展思路的探讨 [D]．长沙：中南林业科技大学，2008.

[39]　陈冰晶．园林植物景观空间规划与设计：以杭州西湖公园绿地为例 [D]．南京：东南大学，2015.

[40]　鹿伟龙．植物景观意境的营造 [D]．哈尔滨：东北农业大学，2014.

[41]　朱寒．浅析园林植物季相景观营造：以金华八咏公园为例 [D]．南昌：江西农业大学，2013.

[42]　贾军．植物意象研究 [D]．哈尔滨：东北林业大学，2011.

[43]　张诗媛．园林植物季相设计理论基础及应用研究：以广西南宁市为例 [D]．成都：四川大学，2007.

[44]　谭淇尹．长沙市园林植物与自然山石配置研究 [D]．长沙：湖南农业大学，2014.

[45]　李伟．长沙市城市水体园林植物配置研究 [D]．长沙：湖南农业大学，2007.

[46]　蔡伟民．中国植物文化与植物景观设计研究 [D]．合肥：安徽农业大学，2017.

[47]　叶鹏飞．园林植物的文化内涵及其在大学校园景观中的应用：以南昌地区部分高校为例 [D]．南昌：江西财经大学，2013.

[48]　陈怡．园林植物的视觉意味和文化意义初探：以苏州古典园林为

例 [D]. 杭州：中国美术学院，2013.

[49] 杨宝仪 . 色彩分析在园林植物搭配上的应用初步研究 [D]. 广州：
华南农业大学，2016.

[50] 夏繁茂 . 节约型园林植物的应用与优化研究 [D]. 南京：南京林业
大学，2012.

[51] 邓小飞 . 园林植物 [M]. 武汉：华中科技大学出版社，2008.

[52] 王凤珍 . 当代艺术研究前沿：园林植物美学研究 [M]. 武汉：武汉
大学出版社，2019.

[53] 曾明颖，王仁睿，王早 . 园林植物与造景 [M]. 重庆：重庆大学出
版社， 2018.

[54] 谢风，黄宝华 . 园林植物配置与造景 [M]. 天津：天津科学技术出
版社， 2019.

[55] 金煜 . 园林植物景观设计 [M]. 沈阳：辽宁科学技术出版社，2015.

[56] 黄金凤 . 园林植物识别与应用 [M]. 南京：东南大学出版社，2015.